Ein Hund für die ganze Familie

AUTORIN: KATHARINA SCHLEGL-KOFLER | FOTOGRAFIN: JANA WEICHELT

Inhalt

Unser Familienhund

Wenn Sie dieses Buch lesen, gehören Sie sicher zu den Menschen, in deren Familie eines Tages der Wunsch nach einem Hund laut geworden ist. Hier erfahren Sie, wie Sie das Abenteuer Hund verwirklichen und das Leben mit dem Vierbeiner gestalten können und was es dabei zu bedenken gibt.

Erste Überlegungen

Zieht ein Hund ein, bekommt die Familie ein zusätzliches Familienmitglied. Dies lässt schon ein wenig das Besondere an der Haltung eines solchen Vierbeiners erahnen. Er wird praktisch am gesamten Familienalltag teilnehmen. Ganz anders als viele Heimtiere, die den größten Teil ihres Lebens in einem Käfig im Kinderzimmer oder im Garten verbringen. Auch anders als eine Katze, die meist weitgehend unabhängig ihren Tag gestaltet. Somit sind besondere Überlegungen notwendig, bevor Sie sich endgültig für einen Hund entscheiden.

Warum ein Hund?

Überlegen Sie genau, warum Sie einen Hund möchten und kein anderes Heimtier. Wie stellen Sie sich das Leben mit einem Hund vor? Was erwarten Sie von ihm? Für den Hund ist der Mensch ein echter Sozialpartner. An ihm orientiert er sich, er kommuniziert mit ihm, beobachtet, was in seiner Umgebung vorgeht, und reagiert darauf. Der Hund ist immer da. Auch wenn Sie gerade keine Zeit oder keine Lust haben, sich mit ihm zu beschäftigen.

Wer möchte einen Hund?

Möchten die Kinder einen Hund? Eines der Elternteile? Oder die ganze Familie? Da der Vierbeiner mit allen Familienmitgliedern lebt, müssen ihn auch alle wollen. In erster Linie die Eltern, denn sie haben den größten Teil der Arbeit und der Erziehungsverantwortung. Um einen Hamster zum Beispiel kann sich ein Kind weitgehend selbst kümmern, doch ein Hund bezieht jeden aus der Familie in sein Leben ein. Da kann sich keiner ausklinken. Denken Sie auch daran, dass die Kinder eines Tages aus dem Haus gehen. Der Vierbeiner bleibt dann in der Regel bei den Eltern.

Passt ein Hund in das Familienleben?

Ausgelassen mit dem Hund über die Wiese tollen, Familienausflüge mit Hund, also Spaß mit ihm haben – darauf freut man sich, wenn man über die Anschaffung eines vierbeinigen Familienmitglieds nachdenkt. Diesem Vergnügen steht auch nichts im Weg, vorausgesetzt, Sie haben vorher Ihr Familienleben auf Hundetauglichkeit abgeklopft. Findet sich ausreichend »Platz« für einen Vierbeiner in Ihrer Familie, ist dieser eine echte Bereicherung.

Der zeitliche Aufwand

Kinder haben heute viele Termine, und meist sorgt das Taxiunternehmen Mama für die pünktliche Einhaltung derselben. Schaffen Sie den Spagat zwischen Ballett, Musikschule, Sport, Vokabeln abfragen auf der einen und Spaziergängen mit dem Hund plus seine Erziehung auf der anderen Seite? Dafür brauchen Sie Zeit und innere Ruhe. Sind beide Eltern berufstätig? Mehr als etwa fünf Stunden kann ein Hund nicht regelmäßig alleine bleiben, und auch das muss er erst nach und nach lernen. Es kann also sein, dass Sie für die Anfangszeit eine Betreuung brauchen. Die ist auch dann notwendig, wenn der Hund stets oder ausnahmsweise mal länger allein bleiben muss oder falls ein Notfall in der Familie eintreten sollte. Heute gibt es in vielen Städten Hundetagesstätten, sogenannte »Hutas«, aber vielleicht wohnen auch Oma und Opa oder Freunde in der Nähe, die diese Aufgabe übernehmen können. Manchmal ist es sogar möglich, den Hund an den Arbeitsplatz mitzunehmen. Klären Sie diese Punkte vor der Anschaffung.

Eine hundegerechte Umgebung

Jeder Hund braucht Auslauf. Gibt es in der Nähe geeignete Freiflächen? Sie sollten zu Fuß erreichbar sein, das spart Zeit und Aufwand. Außerdem können dann größere Kinder auch mal mit dem Hund spazieren gehen.

Hunde sind sehr gesellig und deshalb am liebsten überall dabei. Mit dem entsprechenden Equipment lässt sich das bei vielen Unternehmungen auch einrichten.

Die Urlaubsplanung

Jedes Jahr verlieren zahlreiche Hunde ihr Zuhause, weil sie nicht mit in den Urlaub können. Sie werden dann einfach ausgesetzt. Planen Sie deshalb den Urlaub entweder mit Hund, oder machen Sie sich jetzt schon Gedanken, wo er in Ihrer Abwesenheit unterkommen könnte. Bemühen Sie sich also frühzeitig um eine Unterkunft, in der Hunde erlaubt sind, oder, falls er nicht mitkommen kann, um einen Platz in einer Hundepension (→ Seite 62).

Allergien

Hat jemand aus Ihrer Familie beim Kontakt mit Hunden oder anderen Tieren schon mal mit Niesen, juckenden Augen, Hustenreiz oder Ausschlag reagiert? Vereinbaren Sie im Zweifel einen Termin beim Allergologen, um eine Hundehaarallergie auszuschließen. Es kommt gar nicht so selten vor, dass der Vierbeiner einzieht und kurze Zeit darauf reagiert ein Familienmitglied allergisch. Muss der Hund dann wieder abgegeben werden, ist das besonders für Kinder ein Drama. Es gibt bisher keine Hunderasse, die nachweislich keine Allergien auslösen kann.

Die Kosten

Ein Rassehund aus verantwortungsvoller Zucht kostet mindestens um 1000 Euro. Mischlinge sind billiger. Weniger zu Buche schlagen Hundebett, Leine, Halsband und Näpfe. Beim Futter gibt es günstigere und weniger günstige Marken. Nicht zu vergessen sind Hundesteuer sowie Hundehaftpflichtversicherung (→ Seite 62), die Sie unbedingt abschließen sollten. Auch Tierarztkosten wie jährliche Impfung und regelmäßige Wurmkuren sind feste Kosten. Aber der Hund kann auch krank werden oder sich verletzen. Eine Hundekrankenversicherung für Operationen schützt vor ungeplanten größeren Ausgaben.

Im Vergleich zu anderen Heimtieren stellt der Hund besondere Ansprüche an den richtigen Umgang und die artgerechte Haltung.

Hund, **Kind** und **Recht**

Minderjährige können für Schäden, die ein Hund verursacht, nur dann haftbar gemacht werden, wenn sie Tierhalter oder -hüter im Sinne des Gesetzes sind. Um Haftungsrisiken im Schadensfall zu vermeiden, sollten die Eltern Halter sein. Tierhüter ist ein minderjähriges Kind nicht, wenn Eltern ihm den Hund zum Ausführen mitgeben oder der Nachbarshund gelegentlich ausgeführt wird. Hier entfällt eine Haftung des Kindes. Dies heißt aber nicht automatisch, dass die Tierhaftpflichtversicherung des erwachsenen Halters zahlt. Beachten Sie deshalb beim Abschluss der Versicherung, dass sie Schäden auch bei Beteiligung Dritter umfasst, also wenn beispielsweise Ihr oder ein befreundetes Kind den Hund ausführt.

Erwartungen an einen Familienhund

Was genau verbinden Sie mit »Familienhund«? Die meisten Menschen stellen sich darunter einen Hund vor, der im Gegensatz zum Gebrauchshund keine speziellen Aufgaben ausübt. Der zum Beispiel kein Jagd- oder Wachhund ist, keine Schafe hütet oder Wettkämpfe im Hundesport bestreitet. Also einer, der »nur« Familienhund ist. Der sich problemlos in den Alltag einfügt, kinderlieb und unkompliziert im Umgang ist, nicht anspruchsvoll

in Haltung und Erziehung ist und die Familie einfach durch dick und dünn begleitet. Aber Familienhund ist eigentlich jeder Vierbeiner, der – mit oder ohne spezielle Aufgaben oder Ausbildung und unabhängig von der Rasse – in einer Familie lebt. Somit gibt es »den« Familienhund als solchen nicht.

Das Leben als Familienhund

Familienleben ist vielfältig. Da laufen Kinder fröhlich lärmend durch Haus und Garten, bei der Kindergeburtstagsparty wird Topfschlagen gespielt, und bei Bedarf wird der Vierbeiner zum geduldigen Seelentröster, der die Kindertränen trocknet und dem man seinen Kummer erzählen kann. Kleinkinder nehmen den Hund schon mal beim Laufenlernen zu Hilfe und ziehen sich an seinem Fell hoch. Eltern erwarten, dass der Hund auf die Kinder aufpasst. Auf der anderen Seite soll er aber auch zufrieden und »unauffällig« sein, wenn für ihn mal wenig Zeit bleibt. Ein Familienhund kann also ganz schön gefordert sein. Das ist nicht in jeder Familie so, aber in sehr vielen. Doch Vorsicht – zu viel Idealismus und zu hohe Erwartungen überfordern Hund und Familie, die Enttäuschung ist dann groß, und der Hund wird rasch lästig.

Was der Familienhund leisten kann

Hunde lieben die Gemeinschaft. Fühlen sie sich wohl, sind sie fröhlich, spielen meist gern, lieben gemeinsame Unternehmungen und verbreiten gute Stimmung. Das macht sie zu idealen vierbeinigen Gefährten. Mit einem Hund zu leben ermöglicht Kindern vielerlei Erfahrungen. Nicht wenige Kinder wachsen heute mehr oder weniger naturfern

---

Passt ein Hund zu uns?

Können Sie alle Fragen, aber vor allem die Nummern 1 bis 6 mit »Ja« beantworten, steht einem Vierbeiner nichts mehr im Weg.

1. Wollen vor allem Sie als Eltern einen Hund?
2. Sind Sie bereit, den größten Teil der Erziehung und Pflege zu übernehmen?
3. Sind alle Familienmitglieder frei von Hundehaarallergie?
4. Haben Sie mindestens zwei Stunden täglich Zeit, sich gezielt mit dem Hund zu beschäftigen?
5. Ist den größten Teil des Tages jemand zu Hause?
6. Sind Sie motiviert, Ihren Hund mit dem nötigen Wissen zu erziehen?
7. Ist die Familie gerne bei jedem Wetter draußen?
8. Können Sie mit Hundehaaren auf den Teppichen und mehr Schmutz im Haus leben?
9. Gibt es Auslaufflächen in der Nähe?
10. Haben Sie die Kosten berücksichtigt, die bei einer Erkrankung oder Verletzung des Hundes entstehen können?

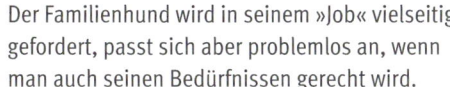
Der Familienhund wird in seinem »Job« vielseitig gefordert, passt sich aber problemlos an, wenn man auch seinen Bedürfnissen gerecht wird.

Hunde und Kinder genießen es zusammen zu sein. Dabei muss aber nicht dauernd gekuschelt werden. Der Vierbeiner liegt oft gern einfach nur so dabei.

auf. Ein Hund aber ist ein Stück Natur, und sie lernen durch die Freundschaft mit ihm, auf andere Lebewesen Rücksicht zu nehmen und deren Bedürfnisse zu respektieren. Kinder, die alt genug sind, können sich an der Versorgung des Vierbeiners beteiligen und lernen dabei Verantwortung zu übernehmen. Auch bei der Festlegung und Einhaltung der Regeln, die für den Hund gelten sollen, können sie mit einbezogen werden.

Was der Familienhund nicht leistet

Was aber kann der Hund nicht sein? Er ist kein Spielzeug, das man hervorholt, wenn man Lust darauf hat, und danach wieder weglegt. Er ist auch keine Puppe, die man womöglich anzieht und spazieren fährt. Haben Eltern zu wenig Zeit für ihre Kinder, ist ein Hund nicht geeignet, um das schlechte Gewissen zu beruhigen. Denn wenn schon für die Kinder zu wenig Zeit bleibt, wie soll da zusätzlich das Leben mit einem Vierbeiner klappen? Auch kann ein Hund nie ein Geschwister ersetzen.

Nützliche Eigenschaften

Ein Hund mit ausgeglichenem, offenem Wesen und robustem Nervenkostüm kommt mit turbulentem Familienleben besser zurecht als ein nervöser. Ein Vierbeiner, der neugierig und sicher seiner Umwelt und Menschen gegenüber ist, wird sich wohler fühlen als einer, der schreckhaft und ängstlich ist. Auch eine hohe Reizschwelle ist wichtig, damit der Hund, falls er zum Beispiel doch mal erschrickt oder ihm liebevolle Umarmungen der Kinder zu viel werden, nicht etwa schnappt, sondern sich im Idealfall lediglich zurückzieht. Das heißt aber trotzdem nicht, dass er überstrapaziert werden darf! Auch der geduldigste Vierbeiner hat eigene Bedürfnisse und irgendwo seine Toleranzgrenze, die man nicht ausreizen sollte. Jeder Hund ist anders, wichtig ist aber, dass er möglichst gut zu Ihrer Familie passt. Das erspart dem Hund wie auch Ihnen Stress. Berücksichtigen Sie deshalb bei der Suche nach dem richtigen Vierbeiner Ihre individuelle Familiensituation (→ Seite 18).

Welcher Hund passt zu uns?

Sind sich alle einig, dass ein Hund die Familie bereichern soll, geht es an die Feinplanung. Nehmen Sie sich Zeit dafür, denn der Vierbeiner wird Sie hoffentlich viele Jahre begleiten. Bei etwa 400 Rassen und zahllosen Mischungen haben Sie die Qual der Wahl!

Welche Rasse?

Bei keinem Heimtier ist die Bandbreite an Erscheinungsformen so groß wie beim Hund. Größe, Aussehen und auch die rassespezifischen Eigenschaften variieren stark. Besonders letzterem Punkt sollten Sie Ihre Aufmerksamkeit widmen. Denn der Hund muss zu Ihrem Lebens- und Wohnumfeld passen (→ Seite 18). Jede Rasse ist für bestimmte Aufgaben gezüchtet worden. Nur die Hunde, die die jeweils erwünschten Eigenschaften besonders gut zeigten, wurden für die Zucht eingesetzt. So konnten sich die rassespezifischen Veranlagungen genetisch festigen. Viele Rassen werden auch heute noch für ihren »Job« gezüchtet, andere hauptsächlich als Be-

Nehmen Sie sich Zeit bei der Planung des neuen Familienmitglieds. Je besser der Vierbeiner zu Ihrer Familie und in Ihren Alltag passt, umso mehr Spaß werden Sie mit ihm haben.

gleithunde eingesetzt. Erklären Sie das auch Ihren Kindern, denn sie werden sich in erster Linie vom Aussehen leiten lassen. Aber auch Erwachsene sind dagegen nicht gefeit. Leicht erliegt man etwa dem Charme eines plüschigen Hirtenhundwelpen, ohne zu bedenken, dass daraus ein großer Hund wird, der misstrauisch allem Fremden gegenüber reagiert und dabei auch noch sehr eigenständig handelt.

Auf die Umstände kommt es an

Genauso wenig wie es Rassen gibt, die Familienhunde schlechthin sind, gibt es Rassen, die sich dazu überhaupt nicht eignen. Es kommt immer auf die Lebensumstände der Familie an und inwieweit Sie den individuellen Bedürfnissen des Hundes gerecht werden. Das gilt auch für Rassen, die vielleicht gerade besonders trendy sind. Oft sind sie das deshalb, weil sie leicht erziehbar oder freundlich sind. Oder aber auch, weil sie optisch etwas Besonderes darstellen. Das bedeutet jedoch nicht, dass sie keine sonstigen Eigenschaften haben, die man im Zusammenleben berücksichtigen muss (→ Seite 12 bis 17).

Rassehund oder Mischling?

Mischlinge sind meist günstig zu bekommen, Rassehunde deutlich teurer. Haben Sie eine konkrete Vorstellung davon, wie der Hund sein soll und was Sie eher nicht möchten, ist ein Rassehund aus guter Zucht oft die sicherere Wahl, auch wenn innerhalb einer Rasse nicht alle Hunde gleich sind. Mischlinge sind oft »Wundertüten«, vor allem dann, wenn schon die Eltern gemischt waren oder gar nicht bekannt sind. Vom Aussehen allein lässt sich nicht auf beteiligte Rassen und somit auf eventuelle Eigenschaften schließen. Wenn Sie hinsichtlich Eigenschaften und Aussehen flexibel sind, kann auch ein Mischling der ideale Vierbeiner für Ihre Familie sein.

Der **kinderliebe** Hund

TIPPS VON DER FAMILIENHUNDEXPERTIN
Katharina Schlegl-Kofler

VON NATUR AUS KINDERLIEB?

Viele Hunderassen tragen das Attribut »kinderlieb«. Allerdings gibt es keine Rasse, die von Natur aus alle Kinder liebt, und keine, die das von Natur aus nicht tut. Je ausgeglichener, belastbarer und freundlicher ein Hund ist und je höher seine Reizschwelle liegt, umso besser wird er mit Kindern zurechtkommen. Auch seine Erfahrungen spielen natürlich eine Rolle. Kinderfreundlichkeit ist also mehr eine Sache der individuellen Eigenschaften als die einer Rasse. Hunde sehen Kinder übrigens nicht als Welpen, und Kinder verhalten sich auch nicht so. Und selbst wenn man es bisweilen liest – Hunde sind keine Babysitter. Im Gegenteil: Lassen Sie Hund und Kind nicht allein!

KIND IST NICHT GLEICH KIND

Es gibt Vierbeiner, die finden jedes Kind super, sogar wenn sie nicht mit Kindern aufgewachsen sind. Andere kommen nur mit »eigenen« Kindern gut zurecht. Hunde mit Wach- und Schutzinstinkt können genau zwischen »eigenen« und fremden Kindern unterscheiden. Wieder anderen Hunden sind kleine Kinder suspekt, größere aber nicht.

Die Vielfalt der Rassen

Nachfolgend finden Sie Porträts aus verschiedenen Rassegruppen. Obwohl heute die meisten Vierbeiner als »Familienhund« leben, unterscheiden sie sich stark in ihren Eigenschaften und Bedürfnissen.

1 Kleinpudel

Wie alle Pudel ist auch der Kleinpudel intelligent, fröhlich und leicht zu erziehen. Zu stürmische Kinder sind nichts für ihn, genauso wenig verträgt er eine harte Erziehung. Dennoch will er als Hund behandelt werden. Er lernt gern und braucht daher neben Bewegung auch Beschäftigung für den Kopf.

2 Mischling

Hunde, die aus verschiedenen Rassen gekreuzt sind, nennt man Mischlinge. Die Eltern können reinrassig oder selbst schon »gemischt« sein. Die meisten Mischlinge entstehen unbeabsichtigt, manche Verpaarungen sind jedoch auch geplant. Bei Mischlingen lassen sich Eigenschaften und Aussehen nur begrenzt vorhersagen, besonders wenn die Eltern nicht bekannt oder schon selbst gemischt waren. Je nachdem, wie sich angeborene Eigenschaften kombinieren, gibt es sehr gelungene, aber auch überraschende Kombinationen. Dass Mischlinge generell gesünder oder intelligenter sind als Rassehunde, stimmt nicht.

3 Mops

Er ist ein reiner Begleithund und erfreut sich zunehmender Beliebtheit, denn er hat ein verspieltes, freundliches Wesen, ist intelligent und leicht zu erziehen. Der Mops ist aktiv, braucht aber nicht allzu viel Auslauf, man kann ihn auch gut in der Wohnung halten. Doch er möchte unbedingt beschäftigt werden. Hitze vertragen viele übrigens nicht gut. Manchmal hat der Mops das Image eines Schoßhundes, das ist er aber ganz und gar nicht. Lange Zeit wurde er mit sehr kurzen Nasen gezüchtet, was zu einer Beeinträchtigung der Atmung führte. Heute gibt es auch gemäßigtere Züchtungen mit etwas längerer Schnauze. Achten Sie bei der Suche nach einem Züchter auf dieses Merkmal.

4 Labrador Retriever

Er ist eine von sechs Retrieverrassen. Auf der Jagd arbeitet er eng mit seinem Menschen zusammen und bringt zuverlässig geschossenes Wild, vor allem auch aus dem Wasser. Als Familienhund ist er beliebt, wird aber nicht selten unterschätzt, was seine Ansprüche an Beschäftigung und sein lebhaftes Temperament anbelangt. Der typische Labrador ist freundlich, aufgeschlossen, aktiv, unkompliziert im Umgang und relativ leicht erziehbar. Es gibt aber auch etwas dickköpfige sowie sensible Exemplare.

5 Jack Russell Terrier

Seine geringe Größe und »bunte« Farbe machen ihn zu einem beliebten Begleiter. Doch er wird oft unterschätzt. Ursprünglich für die Jagd im Fuchs- und Dachsbau gezüchtet, ist er wie die meisten Terrierrassen draufgängerisch, dickköpfig, ausgesprochen lebhaft und ausdauernd. Er möchte viel Bewegung, aber auch Gehirnjogging darf nicht fehlen, deshalb ist er besonders für aktive und sportliche Familien geeignet. Hinsichtlich Konsequenz und Durchhaltevermögen stellt er hohe Ansprüche an die erzieherischen Qualitäten seines Besitzers.

kleiner Hund mittelgroßer Hund großer Hund erhöhter Pflegeaufwand hoher Beschäftigungsbedarf

ruhig und gutmütig

Berner Sennenhund

Herkunft Der Berner Sennehund entstand aus schweizerischen Bauernhunderassen, deren Aufgabe die Bewachung des Hofes war. Diese große, kräftige Rasse wurde aber auch zum Ziehen der Milchkarren verwendet.

Eigenschaften Er ist wachsam, menschenfreundlich und braucht engen Familienanschluss. Fremden gegenüber ist er bisweilen zurückhaltend. Sein Temperament ist eher ruhig (außer als Welpe und Junghund), weshalb er auch nicht sehr lauffreudig ist. Aber er liebt es, im Freien unterwegs zu sein. Viele Berner Sennenhunde mögen Hitze nicht gerne.

Erziehung Er lässt sich gut erziehen. Wegen seiner Größe und Kraft sollte die Erziehung konsequent sein, und es sollte sehr früh damit begonnen werden.

Beschäftigung Als eher ruhiger Hund hat er keine hohen Ansprüche an eine bestimmte Beschäftigung, Fährtensuche oder Ziehen liegen ihm aber.

Ähnliche Rassen Großer Schweizer Sennenhund, Entlebucher Sennenhund, Appenzeller Sennenhund – sie sind jedoch alle aktiver und temperamentvoller.

klein, aber oho!

Havaneser

Herkunft Der Havaneser gehört zur Gruppe der »Bichons«, kleine und sehr alte Schoßhunderassen.

Eigenschaften Er ist ein ausgesprochen fröhlicher Hund mit unwiderstehlichem Charme und verspielt bis ins hohe Alter. Er schließt sich seiner Bezugsperson eng an und ist wachsam, aber kein Kläffer. Der Havaneser kann in der Wohnung gehalten werden, liebt aber Spaziergänge und Ausflüge. Allerdings ist er nicht allzu lauffreudig, weshalb ihm gelegentlich auch der Garten zum Toben genügt. Kinder sollten nicht zu stürmisch mit ihm sein.

Erziehung Auch wenn der Havaneser ein Schoßhundimage hat und so klein ist, dass man ihn im Falle eines Falles auf den Arm nehmen kann, sollte er eine Grunderziehung bekommen. Denn der quirlige Hund kommt problemlos in Ihr Bett oder auf den Esstisch.

Beschäftigung Der Havaneser ist sehr aktiv und lernfreudig. Er möchte etwas tun und lässt sich zum Beispiel gern verschiedene Tricks beibringen.

Ähnliche Rassen Bologneser, Coton de Tulear, Bichon à poil frisé

sanft und wachsam
Collie Langhaar 🐕 🪮

Herkunft Der Collie war ursprünglich ein robuster Hütehund aus Schottland. Heute ist er überwiegend Begleithund und wurde besonders durch die Lassie-Fernsehfilme bekannt.

Eigenschaften Er ist ein sanfter, bisweilen etwas sensibler, anhänglicher Hund, der sehr auf seine Familie bezogen ist. Er hat Wach- und Schutzinstinkt. Dadurch, dass diese Rasse lange Zeit Modehund war, gab es viele Hunde mit zu schwachem Nervenkostüm. Achten Sie bei der Wahl des Züchters deshalb darauf, dass er auf nervenfeste Hunde Wert legt. Das lange Fell des Collies braucht regelmäßige Pflege.

Erziehung Der Collie ist relativ leicht zu erziehen und hat eine gute Unterordnungsbereitschaft. Deshalb ist er auch für Anfänger in der Hundehaltung empfehlenswert.

Beschäftigung Er ist aktiv und bewegungsfreudig und liebt Beschäftigung. Obedience oder Agility sind beispielsweise geeignet.

Ähnliche Rassen Britische Hütehunde wie Bobtail, Collie Kurzhaar, Bearded Collie

eigenwillig und aufgeweckt
Beagle 🐕

Herkunft Der Beagle ist ein Jagdgebrauchshund. Er gehört zu den Bracken und wurde in Großbritannien in der Meute zur Jagd auf Hasen und Kaninchen eingesetzt. Beagles spüren Wild auf und hetzen es selbstständig, bis es vom Jäger erlegt werden kann.

Eigenschaften Für seine Aufgaben brauchte der Beagle viel Ausdauer, Jagdpassion und Eigenständigkeit, zudem musste er sehr verträglich mit Artgenossen sein. Er ist anhänglich, freundlich und verträglich. Diese Eigenschaften, kombiniert mit seiner kompakten Größe und seinem Aussehen, haben ihn auch als Familienhund beliebt gemacht.

Erziehung Sein Jagdinstinkt, der mit einer gewissen Dickköpfigkeit gepaart ist, machen seine Haltung und Erziehung nicht einfach. Die meisten Beagles können nicht frei laufen.

Beschäftigung Er ist aktiv und lauffreudig. Als Auslastung für den Kopf eignen sich für ihn Beschäftigungen, bei denen er seine Nase einsetzen kann, etwa bei der Fährtenarbeit.

Ähnliche Rassen französische Niederlaufhunde (Bassets), Deutsche Bracke

sanft und anhänglich
Golden Retriever

Herkunft Der Golden ist ein Jagdgebrauchshund. Neben dem Labrador (→ Seite 12) ist er die bekannteste Retrieverrasse. Sein Aufgabengebiet ist ebenfalls das Apportieren von erlegtem Wild, vor allem auch aus dem Wasser. Es gibt wie beim Labrador mittlerweile zwei Zuchtrichtungen – die schwereren Showlinien und die leichteren und im Wesen sensibleren Arbeitslinien. Er war bis vor einigen Jahren der Modehund schlechthin, was der Rasse nicht wirklich gutgetan hat.

Eigenschaften Er ist ein unkomplizierter, anhänglicher Hund. Er ist freundlich zu jedermann, verträglich und liebt engen Familienanschluss.

Erziehung Er braucht Erziehung, kann seinen Menschen mit seiner Art allerdings leicht um den Finger wickeln. Dann geht er durchaus auch seinen eigenen Interessen nach.

Beschäftigung Er braucht Bewegung, und er schwimmt gern, möchte aber auch mental etwas tun. Nasenarbeit oder Apportieren liegen ihm.

Ähnliche Rassen Labrador Retriever, Flat Coated Retriever

leichtführig und temperamentvoll
Australian Shepherd

Herkunft Der »Aussie« gehört zu den Hütehundrassen und entstand in Amerika aus verschiedenen Schäferhund- und Collierassen. Heute ist er ein beliebter Begleithund.

Eigenschaften Der Australian Shepherd ist ein leichtführiger, intelligenter und menschenfreundlicher Hund mit viel Ausdauer und Temperament. Er zeigt Wach- und Schutzinstinkt, ist intelligent und lernt rasch.

Erziehung Wegen seiner Leichtführigkeit und Unterordnungsbereitschaft ist er gut erziehbar.

Beschäftigung Er ist arbeitsfreudig und braucht viel Bewegung, aber auch »Arbeit« für den Kopf. Der Australian Shepherd ist nicht ganz so beschäftigungsintensiv wie sein Verwandter, der Border Collie. Er eignet sich außerdem gut als Begleiter, da er sportlich ist, aber im Allgemeinen nicht zum Jagen neigt. Außerdem sind anspruchsvolle Hundesportarten wie Agility oder Obedience für ihn sehr gut geeignet.

Ähnliche Rassen Border Collie, Collie Langhaar und Collie Kurzhaar.

wachsam und selbstbewusst

Hovawart

Herkunft Der Hovawart gehört zu den Gebrauchshunderassen.

Eigenschaften Er hat Schutz- und Wachinstinkt und durchaus seinen Kopf. Zwar fällt er nicht jedem Besucher und Fremden um den Hals, seiner Familie ist er aber sehr zugetan.

Erziehung Von klein an ist eine konsequente, systematische Erziehung sehr wichtig. Erst mit etwa drei Jahren ist der Hovawart richtig erwachsen.

Beschäftigung Er braucht ausreichend Bewegung und darüber hinaus eine sinnvolle Beschäftigung, damit er ausgelastet ist. Geeignet ist zum Beispiel eine Ausbildung zum Fährtenhund oder spezielles Gehorsamstraining wie etwa Obedience. Im Hundesport wird er im Rahmen der Vielseitigkeitsausbildung neben Gehorsam und Fährtenarbeit auch im Schutzdienst ausgebildet.

Ähnliche Rassen Direkt ähnliche Rassen gibt es nicht. Aber zur gleichen Rassengruppe gehört beispielsweise der Leonberger. Achtung: Der Golden Retriever sieht zwar ähnlich aus, doch er ist in seinen Eigenschaften grundverschieden.

lebhaft und treu

Kleiner Münsterländer

Herkunft Der Kleine Münsterländer ist der Kleinste unter den deutschen Vorstehhunderassen und gehört somit ebenfalls zu den Jagdgebrauchshunden.

Eigenschaften Er lernt schnell und ist bei ausreichender Auslastung anpassungsfähig und umgänglich. Er zeigt etwas Wachinstinkt und ausgeprägte jagdliche Eigenschaften. Wegen seiner Jagdpassion wird er häufig von Jägern gehalten, doch er hat auch gute Familienhundeigenschaften.

Erziehung Er ist bei konsequenter Erziehung leichtführig, daher gut zu erziehen und ordnet sich bereitwillig unter.

Beschäftigung Er ist sehr aktiv und braucht viel Bewegung und wegen seiner Leistungsbereitschaft auch mentale Auslastung. Wird er nicht zur Jagd eingesetzt, ist für den Kleinen Münsterländer eine systematische Ersatzbeschäftigung wie Fährtensuche oder Apportieren und regelmäßiges Gehorsamstraining wichtig.

Ähnliche Rassen Alle anderen deutschen Vorstehhunderassen wie Großer Münsterländer, Deutsch Langhaar

Wie ist unsere Familiensituation?

Das Leben mit einem Hund macht Zwei- und Vierbeinern am meisten Spaß, wenn der Hund gut zu Ihrem Leben passt. Analysieren Sie im Vorfeld Ihre Familiensituation sehr genau, dann kann nichts mehr schiefgehen, und der Hund wird eine echte Bereicherung Ihres Lebens sein.

Welche Aufgabe hat der Hund?

Um den passenden Hund zu finden, gibt es zwei Möglichkeiten. Sie können sich für eine bestimmte Rasse entscheiden und den Alltag, falls erforderlich, den Bedürfnissen dieser Rasse anpassen. Das kann dann der Fall sein, wenn Sie mit dem Hund neben seiner Aufgabe als Familienhund etwas Bestimmtes vorhaben. Sind Sie etwa Jäger oder wollen einen Hund, mit dem Sie Agility betreiben oder in den Gebrauchshundesport einsteigen möchten, werden Sie Ihren Vierbeiner in erster Linie danach aussuchen. Soll er aber »hauptberuflich« Familienhund sein und seine Menschen in ihrem Alltag begleiten, muss er dazu passen. Aber auch bei bester Wahl muss man vielleicht die eine oder andere Gepflogenheit etwas umstellen.

Das Wohnumfeld

Ein großer Hund braucht mehr Platz als ein kleiner. Ideal ist ein eigener Garten. Er ersetzt zwar nicht die Beschäftigung mit dem Hund, ist aber praktisch, weil der Hund einfach mal hinaus kann, zum Beispiel, wenn Ihr Kind krank ist und Sie nicht weggehen können. Haben Sie oft Besuch, auch von Kindern, und/oder wohnen Sie in einem dicht besiedelten Gebiet? Ein freundlicher Vierbeiner ohne großen Wachinstinkt, z. B. Golden Retriever, ist hier von Vorteil. Soll es aber doch ein Wachhund sein, dann wählen Sie einen »gemäßigten«, der gut erziehbar und Fremden gegenüber nicht misstrauisch ist.

Die Kinder

Wenn Ihr jüngstes Kind beim Einzug des Hunds bereits im Kindergartenalter ist, haben Sie zum einen in seiner Abwesenheit mehr Zeit, sich mit dem Vierbeiner und seiner Ausbildung zu beschäftigen. Zum anderen sind die Kinder dann verständiger, sodass man ihnen auch etwas erklären kann. Die Kombination Kleinkind oder Baby mit vierbeinigem Neuzugang, egal ob Welpe oder älterer Hund, kann dagegen anstrengend werden. Kommt zum erzogenen Hund später noch ein weiteres Kind, ist das jedoch meist kein Problem. Sind Ihre Kinder eher ruhig und sanft oder temperamentvoll und ungestüm? Kleine Rassen, zurückhaltende oder nervöse Hunde sind mit wilderen Kindern überfordert. Ausgeglichene, »dickfelligere« Hunde, z. B. rassetypische Labradore, tun sich leichter. Trotzdem sollten Sie die Kinder bremsen und den Hund nicht überstrapazieren.

Die Großeltern

Werden auch Oma oder Opa für den Hund zuständig sein? Wie fit sind sie noch? Mit einem zu kräftigen, temperamentvollen Hund sind sie eventuell überfordert. Besonders dann, wenn sie mit ihm auch spazieren gehen sollen.

Die Freizeitgestaltung

› Wenn Sie gern wandern oder lange Spaziergänge machen, kommen viele Hunde infrage. Lediglich sehr massige, schwerfällige Vierbeiner sind

Zu Sport- oder zu Kinderveranstaltungen kann der Hund Sie begleiten, falls Trubel für ihn keinen Stress bedeutet. Behalten Sie ihn aber stets bei sich, und berücksichtigen Sie, dass nicht alle Eltern und Kinder Hundefans sind.

damit überfordert. Das Gleiche gilt, wenn Sie gern joggen oder walken. Nehmen Sie wegen der Kinder aber etwa beim Wandern häufig die Bergbahn, wird mit einem großen Hund der Sessellift ein Problem.

› Sie unternehmen gerne ausgedehnte Radtouren? Ein paar Stunden kann der Hund auch alleine zu Hause bleiben, aber nicht länger. Für kleinere Hunde gibt es spezielle Körbe für das Fahrrad. Größere fahren in einem Anhänger mit und können zwischendurch auch mal mitlaufen.

› Ganztägige Badeausflüge sind möglich, wenn Sie einen Badeplatz oder einen Strandabschnitt finden, an dem Hunde erlaubt sind.

› Führt der Familienausflug in einen Zoo, Freizeitpark oder Ähnliches, erkundigen Sie sich am besten vorher, ob Hunde Zutritt haben.

› Hunde kann man verständlicherweise nicht auf Skipisten und Langlaufloipen mitnehmen. Hier muss sich die Familie entweder aufteilen oder eine Betreuung für den Hund organisieren.

Ein Hund kommt ins Haus

Sie haben sich nun eingehend informiert und wissen, welcher Vierbeiner zu Ihnen und dem Alltag Ihrer Familie passt. Jetzt geht es darum, Ihren Traumhund zu finden und den Einzug des neuen Familienmitglieds vorzubereiten. Sicher ist die Vorfreude schon groß, und Sie können es kaum erwarten!

So finden Sie Ihren Traumhund

Als Nächstes heißt es zu überlegen, wo man seinen Vierbeiner bekommt. Haben Sie eine oder mehrere Rassen im Blick, informieren ausführliche Rasseporträts in Buchform Sie detailliert über die ausgewählten Hunde. Im Anhang solcher Bücher findet sich meist ein Hinweis auf Zuchtverbände, in denen diese Rasse betreut und gezüchtet wird. Doch Sie sollten sich die verschiedenen Vertreter unbedingt auch live anschauen. Gute Gelegenheiten dafür sind die Hundeausstellungen des Verbands für das Deutsche Hundewesen (VDH, → Seite 62), die jedes Jahr in verschiedenen Städten stattfinden. Dort können Sie sich ein noch genaueres Bild von Ihrer Wunschrasse machen. Der Besuch einer solchen Ausstellung ist auch für Kinder ein interessantes Erlebnis, und Sie sehen gleichzeitig, wie Ihre Kinder reagieren, wenn der Wunschhund zum Beispiel relativ groß ist.

Die Entscheidung gut vorbereiten

Nehmen Sie sich Zeit, um den passenden Hund zu finden, und sehen Sie sich die Züchter gut an. Zum Vergleich können Sie die Anschaffung eines neuen Autos heranziehen. Dafür wälzt man Zeitschriften, liest Testberichte, macht Probefahrten usw. Soll ein Vierbeiner einziehen, siegt dagegen oft das Kindchenschema eines Welpen über die Vernunft. Im Laufe eines Vormittags werden Züchter und Welpe ausgewählt und der Kleine womöglich auch gleich mitgenommen. Das kann gut gehen, nicht selten folgt aber schon ein paar Tage später ein böses Erwachen, wenn das Hundekind etwa von Anfang an krank ist. Egal ob Mischlings- oder Rassehundwelpe – schauen Sie sich Mutterhündin und Kinderstube genau an. Was es bei der Entscheidung für einen Welpen oder einen älteren Hund zu bedenken gibt, erfahren Sie auf den folgenden Seiten.

Ein Welpe soll es sein

Trotz mehr Arbeitsaufwand ist ein Welpe eine gute Wahl. Sie können ihn von Anfang an und in seiner intensivsten Lernphase ideal an Ihren Alltag und Ihr Familienleben gewöhnen. Suchen Sie einen Rassehund, finden Sie im Internet beim Verband für das Deutsche Hundewesen (VDH, → Seite 62) die Zuchtverbände der einzelnen Rassen und dort wiederum Züchteradressen und Welpenlisten. In den Zuchtverbänden des VDH gibt es strenge

Zuchtvorschriften, um Gesundheit und rassetypische Eigenschaften zu erhalten. Hunde, mit denen gezüchtet werden soll, müssen erst viele Hürden überwinden, bevor feststeht, ob sie eine Zuchtzulassung bekommen. Nicht selten hört man, der Hund müsse nicht von einem »richtigen« Zuchtverband sein, da er ja »nur« Familienhund sein soll. Doch ein Hund aus guter Zucht ist mit hoher Wahrscheinlichkeit gesund. Außerdem sieht er so aus und verhält sich auch so, wie Sie sich die Rasse vorstellen. Ob VDH-Zuchtverband oder nicht – sehen Sie sich am besten mehrere Züchter an, und vergleichen Sie – auch bei Mischlingswürfen. Und je besser Sie vorab über die Rasse informiert sind, umso besser können Sie die Kompetenz des Züchters einschätzen.

Woran erkennt man gute Züchter?

Hundezahl Ein guter Züchter züchtet nur eine oder zwei Rassen und hat nur wenige Hunde. Er hält sie mit Familienanschluss und nicht im Zwinger. Er hat nur einen oder höchstens zwei Würfe gleichzeitig und produziert nicht permanent Welpen. Vorsicht bei Händlern, die Welpen nur verkaufen und nicht selbst züchten, auch wenn die Welpen noch so billig sind!

Aufzuchtbedingungen Engagierte Züchter ziehen die Welpen mit Familienanschluss auf, sodass sie zumindest teilweise im Haus sind. So lernen

Eine optimale Kinderstube mit abwechslungsreichem »Spielplatz« und positiven Erfahrungen mit Kindern bereitet die Welpen auf ihre Zukunft als Familienhund vor.

sie diverse Geräusche eines Haushalts wie Staubsauger, Telefon usw. kennen. Welpen sollten auch Zugang ins Freie haben. Ein kleiner Abenteuerspielplatz mit Erkundungsmöglichkeiten fördert ihre Entwicklung. Bei freiem Zugang nach draußen lernen Welpen fast automatisch, sich draußen zu lösen.

Sauberkeit Der Welpenauslauf und die Welpen müssen sauber sein. Ein gesunder Welpe ist munter, hat einen sauberen Po, Augen und Nase sind frei von Sekreten. Er ist weder dünn, noch hat er einen aufgetriebenen Bauch (Würmer!).

Menschenkontakt Der Mensch gehört von Anfang an zur Welt der kleinen Hunde. Ideal ist es, wenn die Welpen auch Kinder kennenlernen, vielleicht sogar im selben Alter wie Ihre. Aber es müssen natürlich positive Erfahrungen sein!

Mutterhündin Sie sollten sie auf jeden Fall sehen können (Ausnahme: Tierheim), denn Welpen übernehmen Verhalten zum Teil, zum Teil ist es vererbt. Achten Sie darauf, wie die Mutterhündin sich verhält. Ist sie freundlich und munter oder ängstlich und unsicher? Sieht sie gesund aus oder ausgemergelt? Manche Hündin fristet ein trauriges Dasein als Gebärmaschine. Jeder Welpenkauf würde diese Situation unterstützen.

Kompetenz Kann der Züchter Fragen zu Rasse und Haltung beantworten? Sind seine Hunde untersucht (Hüften, Ellenbogen, Augen usw.), und hat er entsprechende Gutachten vorzuweisen?

Gesundheitsvorsorge Eine erste Impfung des Welpen erfolgt in der achten Woche. Dabei wird ihm auch ein Mikrochip eingesetzt, anhand dessen seine Identität überprüft werden kann, ob zum Beispiel Impfpass und Ahnentafel (bei Rassehunden) auch zu Ihrem Hund gehören. Außerdem muss der Welpe bei der Abgabe an den Käufer mehrmals entwurmt sein.

Mindestens acht Wochen bleiben die Welpen bei der Mutter. Deshalb sollten Sie diese beim Züchter sehen und ihr Verhalten beobachten können.

Welcher Welpe passt zu uns?

Nicht immer ist der Welpe, der zufällig als Erster zu Ihnen läuft oder die schönste Fellzeichnung hat, der für Ihre Familie am besten geeignete. Bei Hundekindern lassen sich schon ab der sechsten, siebten Woche Charakterunterschiede erkennen. Wenn Sie die Welpen öfter besuchen, werden Sie das selbst bemerken. Außerdem kann ein guter Züchter Sie bei der Wahl beraten. Geht es in Ihrer Familie turbulent zu, ist ein unerschrockener, neugieriger Welpe aus dem »Mittelfeld« der richtige. Zu einer Familie mit sanfteren Kindern kann ein zurückhaltender, ebenfalls sanfter Welpe gut passen. Ängstliche Welpen, kleine »Machos« und Draufgänger erfordern dagegen oft Erfahrung und Wissen für die Erziehung. Wenn die Kinder schon im Teeniealter sind, sind sie ängstlichen Welpen gegenüber nicht mehr zu stürmisch und rüpelhaften Hundekindern besser gewachsen.

Der erwachsene Hund

So manch zukünftiger Hundebesitzer tendiert zu einem Vierbeiner jenseits des Welpenalters, weil man mit einem Hundekind anfangs doch wenig flexibel ist und die ersten Wochen immer jemand zu Hause sein muss. Manches ist mit einem erwachsenen Hund leichter. Er ist stubenrein, kennt seine Umwelt, und seine Entwicklung ist mehr oder weniger abgeschlossen. Vielleicht hat er sogar schon eine Ausbildung im Grundgehorsam. Im Gegensatz zu einem Welpen ist ein älterer Hund jedoch unabhängiger und wird sich nicht unbedingt sofort an Ihnen orientieren und sich unterordnen. Das kann vor allem bei großen und kräftigen Hunden sowie je nach Charakter und Vorleben der Vierbeiner anstrengend und nicht ganz ungefährlich sein. Ihre Kinder sollten deshalb schon größer sein, wenn Sie einen erwachsenen Hund übernehmen. Doch auch wenn ein Hund mit Kindern aufgewachsen ist, heißt es nicht automatisch, dass er mit allen Kindern gut zurechtkommt.

Ob für einen erwachsenen Hund ein Leben in Ihrer Familie das Richtige ist, hängt auch von seiner Vorgeschichte ab. Versuchen Sie möglichst viel zu erfahren. Das erspart Ihnen und dem Hund Überraschungen.

Wie hat der Hund bisher gelebt?

Während Sie einen Welpen im Rahmen seiner Veranlagungen gezielt auf Ihr Leben »programmieren« können, ist das Wesen eines erwachsenen Hundes je nach Alter mehr oder weniger gefestigt. In welcher Weise, hängt von seinen Erfahrungen ab. Hat der Hund in etwa so gelebt, wie er es bei Ihnen tun würde, und ist er umgänglich und unkompliziert, kann er gut zu Ihnen passen. Unterscheidet sich sein bisheriges Leben aber deutlich von Ihrem, weil er zum Beispiel mit einer älteren Einzelperson oder verwildert gelebt hat, kein Alleinbleiben kennt oder gar schlechte Erfahrungen gemacht hat, kann ein erwachsener Hund viel mehr Aufwand erfordern als ein Welpe. Wichtig ist also, dass Sie so viel wie möglich über seinen Alltag erfahren.

Warum wird der Hund abgegeben?

Versuchen Sie genau zu erfahren, warum der Hund abgeben werden soll. Trennen sich etwa die Besitzer, der Hund bereitet aber sonst keine Probleme? Dann ist er vielleicht genau der richtige für Sie. Oder sind Probleme mit dem Hund der Grund? Wenn ja, welche? Vor allem mit Kindern in der Familie sollten Sie genau überlegen, ob Sie damit zurechtkommen. Können Sie nichts über das bisherige Leben des Vierbeiners erfahren, weil er ausgesetzt wurde oder als Straßenhund gelebt hat, lässt sich erst im Lauf der Zeit herausfinden, welche Erfahrungen ihn geprägt haben. Das ist dann eine Art »Überraschungsei«.

Übernahme auf Probe

Holen Sie den Vierbeiner möglichst erst mal auf Probe zu sich. Dann können Sie in Ruhe entscheiden, ob er zu Ihnen passt. Allerdings zeigen Hunde ihr ganzes Wesen oft erst nach einigen Wochen, wenn sie sich in ihrer neuen Umgebung sicher fühlen.

Rüde oder Hündin?

TIPPS VON DER FAMILIENHUND-EXPERTIN
Katharina Schlegl-Kofler

Rüden und Hündinnen unterscheiden sich in ihrem Verhalten. Doch es gibt bei beiden Geschlechtern einfachere und anspruchsvollere Exemplare.

IMMER VORNEWEG
Rüden werden bei vielen Rassen größer und kräftiger als Hündinnen und brauchen eine konsequentere Führung. Mit Geschlechtsgenossen messen sie gern mal ihre Kräfte, außerdem sind sie das ganze Jahr über an Hündinnen interessiert.

LERNWILLIG
Hündinnen sind meist etwas leichter zu erziehen. Ein- bis zweimal jährlich werden sie für etwa drei Wochen läufig und brauchen in dieser Zeit besondere Aufsicht.

AUF DAS ALTER KOMMT ES AN
Haben Sie sich für einen Welpen entschieden, sind Sie und Ihr Hund, wenn er geschlechtsreif ist, bereits ein eingespieltes Team. Bei der Übernahme eines erwachsenen Hundes sieht das anders aus. So verlangt ein selbstbewusster Rüde, besonders wenn er groß und kräftig ist, in Führung und Erziehung einiges an Wissen und Erfahrung.

Die Ausstattung

Jetzt dauert es nicht mehr lange, bis der Vierbeiner einzieht. Bis dahin sollten Sie zu Hause alles vorbereitet haben, was der Welpe oder der ältere Hund so braucht. Wie wäre es mit einem Familienausflug in ein Zoofachgeschäft? Stöbern Sie auch im Internet, dort gibt es ebenfalls eine große Auswahl.

Das Hundebett

Es gibt mittlerweile viele verschiedene Ausführungen von Hundebetten. Wofür Sie sich letztlich entscheiden, ist Geschmackssache. Wichtig ist jedoch, dass das Bett waschbar ist. Bei gefüllten Hundebetten ist meist jedoch nur der Bezug waschbar. Doch es gibt auch sinnvolle Ausführungen, die keine Feuchtigkeit in die Füllung durchlassen. Besonders praktisch sind abwischbare Betten. Für einen Welpen brauchen Sie noch kein edles und teures Hundebett. Denn manche Welpen sind sehr »kreativ« und testen ihre Zähnchen auch an ihrem Bett. Dann ist es vielleicht rasch entsorgungsreif. Deshalb investiert man zunächst in ein günstigeres, einfacheres Lager. Ist der Vierbeiner aus dem Gröbsten heraus, gibt es das endgültige Bett. Wenn Sie einen älteren Hund übernehmen, ziehen Sie am besten erst mal auch sein Bett mit um.

Die Hundebox

Eine Hundebox ist nicht nur für die sichere Unterbringung im Auto, sondern auch im Haus nützlich. Sie wird immer dann gebraucht, wenn man Kind und Hund eine Zeit lang trennen oder dem Hund Ruhe verschaffen möchte. Zum Beispiel beim Kindergeburtstag: Die Kinder toben herum, und der Hund ist überdreht. In seiner Box kann er wieder zur Ruhe kommen. Oder wenn Sie gerade nicht auf Hund und Kleinkind achten können, weil Sie vielleicht ein Telefonat erledigen müssen, kann der Hund in die Box gebracht werden. Aber auch für die Erziehung zur Stubenreinheit nachts ist sie nützlich. Es gibt klappbare Gitterboxen und Boxen, die auf den Seiten geschlossen sind. Letztere lassen sich in

Eine Hundebox hilft bei der Erziehung zur Stubenreinheit und bietet dem Vierbeiner eine Rückzugsmöglichkeit, wenn mal viel los ist.

1 LEINE Eine längenverstellbare Leine mit breitem Halsband ist sehr praktisch im Alltag. Üben Sie mit dem Welpen gezielt das Laufen an lockerer Leine.

2 GESCHIRR Kräftige Hunde ziehen oft stark am Geschirr. Probieren Sie es aus. Welpen können es tragen, wenn Zerren unvermeidbar ist, etwa wenn Kinder sie führen.

3 HUNDEBETT Ein waschbares Hundebett und ein paarmal wöchentlich etwas zum Kauen – damit fühlt sich Ihr Vierbeiner wohl.

zwei Teile zerlegen. Die Box sollte so groß gewählt werden, dass der erwachsene Hund darin stehen und sich in voller Länge bequem hinlegen kann.

Leine, Halsband und Brustgeschirr

Für unterwegs brauchen Sie eine Leine und ein Halsband. Am besten ist eine dreifach verstellbare Führleine. Damit können Sie den Hund auch mal am Tischbein oder einem Geländer festmachen. Das Halsband soll »mitwachsen«, denn der Welpe wird rasch größer. Nehmen Sie ihn am besten zur Anprobe mit. Am praktischsten sind Leinen und Halsbänder aus Nylon. Beides darf nicht zu schwer sein, sondern sollte zum Welpen passen. Für kleine Rassen eignet sich ein Brustgeschirr besonders gut.

Die Näpfe

Achten Sie darauf, dass Futter- und Wassernapf rutschfest sind, damit nicht beim kleinsten Rempler Wasser überschwappt. Kinder streifen im Eifer des Gefechts schon mal den Napf. Außerdem sollte man die Näpfe gut abwaschen können. Reinigen Sie nach jeder Mahlzeit den Futternapf und den

Platz um den Napf herum. Kleinere Kinder, die gern am Boden unterwegs sind, lassen »Fundstücke« schnell mal in den Mund wandern.

Spielsachen

Der Hund braucht natürlich auch ein paar Spielsachen. Kaufen Sie sie sicherheitshalber nur im Fachhandel, aber achten Sie trotzdem darauf, dass sich keine Kleinteile daran befinden, die sich ablösen könnten. Das Spielzeug muss die passende Größe haben. Der Welpe soll es gut nehmen, aber nicht verschlucken können. Die meisten Hunde lieben Bälle mit Schnur oder Ziehtaue, aber auch Stofftiere, natürlich spezielle für Hunde.

Knabberartikel

Zur Beschäftigung, etwa bei der Gewöhnung an die Box, eignen sich gelegentlich auch Knabberartikel. Ochsenziemer und Büffelhautknochen sind für den Welpen noch viel zu groß und hart, aber ein Stück Lamm- oder Rinderpansen ist von ihm schon zu knacken. Fragen Sie im Zweifel im Fachgeschäft, was für Ihren Vierbeiner das Richtige sein könnte.

Die ersten Wochen

Endlich ist es so weit, der Vierbeiner ist da! Auch wenn alle es kaum noch erwarten können, mit ihm zu spielen und zu kuscheln – lassen Sie ihn zunächst mal ankommen. Vielleicht erkundet er sein

Der Schlafplatz des Vierbeiners sollte nicht völlig abseits des Familiengeschehens eingerichtet werden, aber in einer etwas ruhigeren Ecke.

neues Zuhause, vielleicht ist er von der Fahrt müde und möchte schlafen, oder er ist etwas ängstlich, weil ihm alles noch fremd ist. Es kann aber auch sein, dass er in Spiellaune ist, dann steht einem ersten gemeinsamen Spiel natürlich nichts im Weg. Bringen Sie ihn in den Bereich, an dem er sich in Zukunft lösen soll. Vielleicht macht er das auch gleich schon, dann loben Sie ihn.

Besucher

Lassen Sie dem Welpen wie auch dem älteren Hund einige Tage Zeit, sich an seine neuen Menschen und die Umgebung zu gewöhnen. Erst soll der Hund in Ruhe lernen, zu wem er gehört. In den ersten Tagen reicht es, wenn er zu Hause ist. Ausflüge braucht er noch nicht. Kommen nach ein paar Tagen Freunde der Kinder, bleiben Sie dabei. Denn nicht jedes Kind kann mit Hunden umgehen und umgekehrt. Zudem bekommen manche Kinder Angst, wenn ein Welpe im Spiel seine spitzen Zähnchen zu fest einsetzt.

Familienkonferenz

Vor allem junge Hunde sind sehr neugierig und erkunden ihre Umgebung. Da landet schnell mal etwas im Hundemäulchen, was da nicht hingehört. Es wäre aber nicht gut, den Welpen nun ständig dafür zu schimpfen. Besser ist es, zu vermeiden, dass er an Dinge gerät, die nichts für ihn sind. Besprechen Sie deshalb mit Ihren Kindern, dass Spielzeug nicht dort am Boden liegen darf, wo auch der Welpe sich aufhält. Nicht nur, weil er womöglich etwas kaputt macht, sondern weil es für ihn lebensgefährlich werden kann, wenn er etwa einen Baustein verschluckt. Also bleibt nur, alles wegzuräumen. Das gilt auch für Schuhe, Kleidung usw. Nicht jeder Welpe macht Dinge kaputt, manche sind allerdings ziemlich kreativ! Diese Vorkehrungen haben eine äußerst praktische Auswirkung – Kinder lernen dadurch, mehr Ordnung zu halten. Besprechen Sie in der Familie auch, ob der Hund zu bestimmten Räumen keinen Zutritt haben soll, und sichern Sie diese in den nächsten Monaten am besten mit einem Kinderabsperrgitter. Jeder muss sich aber daran halten, sonst versteht der Vierbeiner das nicht.

Der Schlafplatz

Damit der Vierbeiner einen Rückzugsbereich hat, sollte er seinen Schlafplatz in einer ruhigeren Ecke der Wohnung haben, wo nicht ständig alle vorbeilaufen, er aber trotzdem das Familienleben mitbekommt. Auch die Hundebox könnten Sie dorthin stellen. Der Welpe sollte nachts noch in Ihrer Nähe sein, damit Sie ihn hören, wenn er hinausmuss (→ unten). Auch dafür ist die Box oder eine Kiste sehr empfehlenswert. Entweder tragen Sie sie hin und her, oder Sie verwenden zunächst zwei Boxen.

Die Stubenreinheit

Das ist mit das Erste, was das Hundekind lernt. Je weniger oft der Welpe Gelegenheit hat, sich in der Wohnung zu lösen, umso schneller wird er stubenrein. Das bedeutet, Sie sollten ihn stets im Auge haben. Größere Kinder können Sie dabei gut unterstützen. Am besten wird festgelegt, wer gerade auf den Welpen achtet. Sobald er unruhig wird, sich verdächtig um die eigene Achse dreht oder an der Tür steht, wird er rasch hinausgetragen. Auch während des Spielens, nach dem Aufwachen und vor oder nach dem Füttern sollte er routinemäßig zu seinem Löseplatz gebracht werden.
Nachts sind die Eltern zuständig. Der Welpe kommt in die Box bzw. eine geräumige Kiste in Ihr Schlafzimmer oder direkt davor. »Muss« er, wird er

Kinderspielzeug kann für einen Welpen gefährlich werden, wenn er etwas davon verschluckt. Sorgen Sie dafür, dass er keine Kleinteile erreichen kann.

unruhig werden und winseln, da er sein Bett nicht beschmutzen möchte. Sie hören ihn und können ihn rasch hinausbringen. Danach ist wieder Ruhe und Schlafen angesagt. Bringen Sie ihn morgens gleich nach dem Aufwachen hinaus und das letzte Mal abends so spät wie möglich. Nicht jeder Welpe muss anfangs nachts hinaus, manche aber sogar mehrmals. Doch das normalisiert sich mit der Zeit, und er ist nachts »dicht«. Tadeln Sie ihn nicht, falls er sich im Haus löst! Achten Sie noch besser auf ihn. Erwischen Sie ihn »auf frischer Tat«, nehmen Sie ihn sofort hoch und bringen ihn schnell hinaus. Wie schnell das Hundebaby stubenrein wird, hängt auch davon ab, wie es aufgewachsen ist. Ein Welpe, der schon beim Züchter die Möglichkeit hatte, von seinem Lager wegzugehen und sich auf Gras zu lösen, lernt das schneller als einer, der in einem Stall oder Zwinger aufgewachsen ist oder nur in einer Wohnung.

Die Erziehung des Hundes

Kaum ist der Hund eingezogen, geht es auch schon los mit seiner Erziehung! Sie erfordert zwar viel Zeit, Geduld, Wissen und Engagement. Aber Sie werden sehen – es macht sehr großen Spaß, den Vierbeiner beim Lernen zu beobachten und zu erleben, wie gut man sich mit ihm verständigen kann.

Das Zusammenleben gestalten

Für alle Lebewesen in einem sozialen Verband gelten Regeln. Das kennen Sie aus dem Familienleben, und genauso ist es mit dem Vierbeiner. Regeln und Strukturen geben ihm Sicherheit und machen es ihm leicht, seinen Platz in der Familie zu finden. Voraussetzung ist allerdings, dass die Regeln von allen konsequent eingehalten werden.

Vorbild für die Kinder

Nur wenn Sie es mit der Konsequenz genau nehmen, werden auch Ihre Kinder die Regeln dem Hund gegenüber einhalten. Wenn Sie etwa festlegen, dass der Hund nicht ins Bett gehört, sollte er auch nicht ausnahmsweise in Ihr Bett dürfen. Denn warum sollten dann die Kinder den geliebten Vierbeiner nicht auch mal ins eigene Bett mitnehmen? Und wenn er vom Tisch kein Essen bekommen soll, müssen sich ebenfalls alle daran halten. Inkonsequenz macht es

aber auch dem Hund schwer zu verstehen, was er denn nun soll und was nicht. Das wiederum kann zu Problemen im Zusammenleben führen.

Wenn Sie die Eckpunkte für das Zusammenleben bestimmen, erklären Sie Ihren Kindern, warum diese Regeln gelten sollen. So fällt es ihnen leichter, sie zu verstehen und dem Hund gegenüber darauf zu bestehen – natürlich nur, soweit sie dazu in der Lage sind. So kann ein 15-jähriger Teenie einen Beagle relativ leicht aus dem Bett befördern, ein 6-Jähriger einen Hovawart dagegen kaum.

Bleiben Sie bei alldem aber realistisch, und legen Sie nichts fest, was Sie nicht einhalten können. Ist für den Hund etwa ein bestimmter Bereich wie Ihr Blumenbeet tabu, ist es für alle wesentlich stressfreier, dieses mit einem Zaun zu sichern, als den Hund ständig im Auge haben zu müssen und zu maßregeln, wenn er das Verbot nicht einhält.

Mit dem Hund kommunizieren

Damit Erziehung und Zusammenleben klappen, muss man sich dem Vierbeiner mit Körpersprache und Stimme verständlich machen können.

Die Körpersprache

Wie wirken unsere Gesten oder Bewegungen auf den Hund? Wenn Sie souverän und bestimmt auftreten, sind Sie sehr überzeugend für Ihren Vierbeiner. Sie signalisieren ihm, dass Sie genau wissen, was für ihn das Beste ist, und dass er sich auf Sie verlassen kann. Er nimmt Sie ernst und akzeptiert Sie als Teamchef. Ein Vierbeiner ohne Führung wird dagegen überwiegend seinen Interessen nachgehen. Was soll er auch anderes tun? Weil Kinder Souveränität meist erst im Teeniealter zeigen können, nehmen Hunde Kinder in der Regel nicht ernst.

Auf bestimmte Bewegungen reagieren Hunde in vorhersehbarer Weise. Gehen Sie etwa rasch und entschlossen in entgegengesetzter Richtung weiter, wenn Ihr frei laufender Vierbeiner eine reizvolle

Manchmal gibt es Missverständnisse in der Kommunikation. Ein über ihn gebeugter Mensch etwa sowie Bewegungen von oben wirken aus Sicht des Vierbeiners unangenehm bis bedrohlich.

Ablenkung (Hund, Kinder usw.) wahrgenommen hat, wird er Ihnen ziemlich sicher folgen. Bleiben Sie jedoch stehen oder gehen Sie unsicher weiter, wird er höchstwahrscheinlich durchstarten. Bewegungen weg vom Hund animieren ihn also, zu folgen. Einladend wirkt es auf den Hund, besonders auf einen Welpen, wenn Sie in die Hocke gehen. Auf ihn zuzugehen ist bei entsprechendem Blick und forschem Schritt dagegen bedrohlich und hemmend. Bearbeitet Ihr Hund etwa gerade Ihren Teppich, können Sie ihm mit Ihrer Körpersprache zeigen, dass das nicht erlaubt ist. Auch Ruhe und Hektik in unseren Bewegungen übertragen sich auf den Hund. Stimmen Sie die »Dosis« Ihrer Körpersprache aber auf Ihren Vierbeiner ab. Je nach Typ braucht der eine Hund nur eine geringere, ein anderer dagegen eine ganz deutliche körpersprachliche Ansage.

Zuneigung zeigen Was wir liebevoll meinen, kommt beim Vierbeiner oft ganz anders an. Wer sich über seinen Hund beugt, ihn am Kopf tätschelt oder ihm hektisch übers Gesicht streichelt, tut ihm keinen Gefallen. Auch zu liebevolle Umarmungen kommen nicht bei jedem Hund gut an.

Die Stimme

Unsere Hunde verstehen den Sinn von Wörtern oder Sätzen nicht, sondern orientieren sich an Tonfall und Klang. Die meisten Zweibeiner neigen jedoch dazu, viel zu viel mit dem Hund zu reden, ihn zu bitten oder ihm etwas zu erklären. Ein »zugelaberter« Vierbeiner wird früher oder später nicht mehr auf die Stimme reagieren, weil er ihr nichts entnehmen kann. Setzen Sie Ihre Stimme also stets bewusst ein. Achten Sie darauf, ob Sie dem Hund Ruhe oder Aktivität vermitteln möchten, ob Sie ihn loben oder ihm eine Anweisung geben und dass ein Nein auch als solches klingt. Laut muss Ihre Stimme aber nicht sein.

Grundregeln für die Erziehung

Ihre Erziehungsbemühungen sind erfolgreich, wenn Sie sich an ein paar Grundregeln halten.

1. **ENTSPANNT** Üben Sie nur, wenn Sie genug Zeit und Muße haben und gut gelaunt sind.

2. **STRESSFREI** Vermeiden Sie im Umgang mit dem Vierbeiner Hektik und Nervosität.

3. **REGELMÄSSIG** Üben Sie mehrmals täglich, aber nicht zu lange, mit einem Welpen nur wenige Minuten am Stück.

4. **PLANVOLL** Setzen Sie Stimme und Körpersprache bewusst ein – je nachdem, ob Sie dem Hund Ruhe oder Aktivität vermitteln möchten.

5. **SYSTEMATISCH** Üben Sie systematisch, denn für das Lernen einer Übung sind viele **fehlerfreie Wiederholungen** nötig.

6. **AUFLÖSEN** Lösen Sie jede Übung auf – entweder durch eine andere oder mit einem festen Hörzeichen, z. B. »Fertig«.

7. **BELOHNUNG** Wählen Sie Belohnungshappen, die der Hund unbedingt möchte und nur beim Üben bekommt. Nur so können Sie ihn damit motivieren.

8. **HUNDEPFEIFE** Wenn Sie eine Hundepfeife benutzen, suchen Sie sich einen bestimmten Pfiff aus. Bewahren Sie die Pfeife so auf, dass die Kinder nicht damit pfeifen können.

9. **GEWOHNHEITEN** Haben Sie einen älteren Hund mit Grunderziehung übernommen, machen Sie es ihm und sich einfacher, wenn Sie seine gewohnten Hörzeichen verwenden.

Die Körpersprache des Hundes

Blickkontakt

Lenkt der Hund seine Aufmerksamkeit auf Sie, sieht er Sie an, um mit Ihnen zusammenzuarbeiten. Direkter Blickkontakt kann auch Teil einer erwartungsvollen Spielaufforderung sein. Zeigt der Hund aber eine steife Körperhaltung, einen aufgerichteten Schwanz oder knurrt, ist direktes Anstarren eine Drohung, und zwar Menschen sowie auch Artgenossen gegenüber. Deshalb gilt: Fixiert ein fremder Vierbeiner Sie oder Ihr Kind mit starrem Blick, schauen Sie weg und weichen dem Hund aus.

Warnung

Hochgezogene Lefzen sind eine Warnung, die man ernst nehmen sollte. Diese kann durch Knurren noch unterstrichen werden. Dazu kommt meist eine steifere Körperhaltung. Manche Hunde zeigen die Zähne aber in freundlicher Absicht beim Begrüßen. Dabei ist der Hund freundlich, wedelt mit dem Schwanz und verhält sich leicht unterwürfig.

Jagd-verhalten

Dieser Hund hat etwas gesehen oder gewittert, dem er hinterhermöchte. Das können Wild, ein Radfahrer, Jogger oder herumlaufende Kinder sein. Rufen Sie ihn spätestens jetzt zu sich. Wenn er erst losgestartet ist, ist es schwierig, ihn zurückzuholen.

Aufmerk-samkeit

Richtet der Hund seinen Schwanz auf, hat etwas seine Aufmerksamkeit erregt, und er wird gespannt hinblicken. Auch zum Drohverhalten gehört diese Haltung, oft mit leichtem Wedeln, wenn er seine Überlegenheit zeigt.

Gähnen

Gähnt der Hund, wenn sich Ihr Kind ihm zuwendet, ist er im Konflikt. Er möchte lieber seine Ruhe, oder die Form der Kontaktaufnahme ist ihm unangenehm. Wirken Sie entsprechend auf Ihr Kind ein, damit der Hund nicht überfordert ist.

Angst

Je weiter der Schwanz eingezogen ist, umso stärker sind Angst oder Unsicherheit ausgeprägt. Dazu kommt die übrige Körpersprache wie geduckte Körperhaltung, ungerichteter Blick und an den Kopf angelegte Ohren. Sieht der Hund keinen Ausweg, kann er zubeißen.

Wer erzieht?

Es macht Sinn, die Grunderziehung dem zu überlassen, der die meiste Zeit mit dem Hund verbringt
und so auch die erziehungsrelevanten Situationen
erlebt. In meinen Kursen sind das überwiegend engagierte Mütter, hin und wieder auch Jugendliche.
Die Erziehung beinhaltet das Lernen der verschiedenen Regeln, wie auch die ersten Gehorsamsübungen. Grundlage dafür ist eine vertrauensvolle
Bindung zwischen Zwei- und Vierbeiner.

Die erste Vertrauensperson

Die vertrauteste Verbindung wird der Hund zunächst
zu der Person aufbauen, mit der er am meisten zusammen ist – wenn sie sich auf die Entstehung dieser Bindung einlässt und sie entsprechend fördert.
Dass zunächst ein Familienmitglied – meist die Mutter – mit der Erziehung beginnt, ist auch aus einem
anderen Grund sinnvoll. Der Vierbeiner muss erst
verstehen, was man von ihm möchte, und bestimmte
Hörzeichen lernen. Dazu stellt er sich auf Stimme
und Körpersprache des Menschen ein. Da jeder
Mensch eine andere Stimme hat und sich anders
bewegt, würde es den Hund überfordern, wenn mehrere Familienmitglieder an ihm »herumerziehen«.
Übungen, die er aber schon gut bewältigt, können
dann größere Kinder und der Vater mit ihm üben.
Apropos Vater: In meine Kurse kommt immer
wieder mal ein nicht »eingearbeiteter« Vater als
Vertretung für seine Frau. Doch meist ist es so,
dass dieser für den Hund lediglich ein zweibeiniger
Kumpel ist, mit dem man nur kooperiert, wenn man
Lust dazu hat. Denn Väter möchten mit ihm meist
nur spielen – als Ausgleich zum Stress im Job. Wer
also erwartet, dass sein Hund auf ihn hört, muss
sich gründlich mit Hundeerziehung beschäftigen.
Ein sehr leichtführiger Hund hört vielleicht noch auf
»Anweisungen« eines weniger kompetenten Familienmitglieds. Hunde mit starker Persönlichkeit
werden dagegen öfter auf »Durchzug« schalten.

Hunde brauchen souveräne Führung. Deshalb ist es in
den meisten Familien ein Erwachsener, der zumindest in
der ersten Zeit die Erziehung des Vierbeiners übernimmt.

Regeln gemeinsam festlegen

Regeln für das Zusammenleben mit dem Vierbeiner müssen einheitlich gehandhabt werden. Genauso ist es mit den Hörzeichen für Übungen. Ruft zum Beispiel einer den Hund mit »Komm«, der andere mit »Hier«, der Dritte mit seinem Namen, kann der Hund die Übung nicht verstehen und lernen. Seine Verwirrung ist perfekt. Klappt eine Übung dann nicht, wird er nicht selten für vermeintlichen Ungehorsam geschimpft, obwohl er gar nicht wirklich wissen kann, was er tun soll. Legen Sie also gemeinsam mit allen Familienmitgliedern fest, welches Verhalten mit welchem Hörzeichen verknüpft werden soll. Auch die Betonung und der Tonfall sollten gleich sein. So kann Ihr Vierbeiner Sie verstehen.

Jüngere Kinder und Hundeerziehung

Für Kinder ist es zweifellos ein Highlight, wenn ein Hund auf sie hört. Macht das Kind unter Anleitung von Mutter oder Vater mit dem Hund eine Übung, die dieser sicher beherrscht, ist das für das Kind und den vierbeinigen Freund ein Erlebnis. Ist die Übung noch neu, wird es schwieriger. Denn Hunde nehmen Kinder meist nicht ernst. Außerdem können jüngere Kinder die Theorie rund um die Hundeerziehung noch nicht so gut verstehen und dem Hund deshalb nur schwer etwas vermitteln. Nennt das Kind z. B. ein neues Hörzeichen immer wieder, reagiert der Hund aber nicht oder falsch darauf, kann er es letztlich nicht wirklich lernen.

Doch es gibt auch Ausnahmen, und Kind und Vierbeiner kommen wunderbar miteinander klar. Ein verständiges, souveränes Kind und ein leicht zu beeinflussender Hund mit guter Bindung sind ein gutes Team. Vor allem dann, wenn der Vierbeiner dem Kind kräftemäßig nicht überlegen ist. So kann beispielsweise ein 11-jähriges Kind mit einem

Möchten jüngere Kinder mit dem Vierbeiner üben, bieten sich dafür kleine Tricks wie z. B. »Gib Pfote« an.

aufmerksamen Golden-Retriever-Welpen durchaus zurechtkommen, ist aber überfordert, wenn der pubertäre Vierbeiner ein halbes Jahr später rund 30 kg wiegt und die Führungsqualitäten des Zweibeiners austestet. Dann ist die Enttäuschung beim Kind verständlicherweise groß und der Freund auf vier Pfoten »doof«. Lassen Sie das Kind mit dem Hund solche Dinge machen, die nicht mit den »offiziellen« Übungen kollidieren (→ Seite 56/57). Ihr Kind lässt sich nicht abhalten, mit dem Hund »Sitz« usw. zu üben? Sie möchten aber trotzdem Gehorsamsübungen exakt trainieren, damit der Hund sie verstehen kann und sie im Alltag funktionieren? Dann trainieren Sie (und nur Sie!) den Hund doch auf anders klingende Hörzeichen, etwa in einer Fremdsprache. Das ist auch nützlich, wenn Sie Ihren Vierbeiner speziell ausbilden, etwa als Rettungshund oder im Obedience (→ Klappe hinten).

Das sollte ein Familienhund können

Als echtes Familienmitglied soll der Vierbeiner seine Menschen natürlich so oft wie möglich begleiten, egal ob zum Fußballturnier des Nachwuchses, zum Pizzaessen mit Freunden oder zum Sonntagsausflug ins Grüne. Gleichzeitig gibt es aber auch Situationen, in denen niemand für ihn Zeit hat und er allein bleiben muss. Auch das gehört zum Alltag eines Familienhundes.

Je besser der Vierbeiner erzogen ist, umso harmonischer ist das Zusammenleben. Es gibt vieles, was Sie Ihrem Vierbeiner beibringen können, da Hunde gern und lebenslang lernen. Die folgenden Basics gehören für Familienhunde zum Pflichtprogramm.

Bindungsspaziergänge

Üben Sie mit Ihrem Hund, dass er selbst darauf achtet, unterwegs den Anschluss zu behalten.

WELPEN Bringen Sie den Kleinen täglich einmal in unbekanntes Gelände ohne Ablenkung, und leinen Sie ihn ab. Nun gehen Sie relativ zügig los, der Welpe wird folgen. Ändern Sie immer wieder mal die Richtung, ohne ihn vorzuwarnen – vor allem dann, wenn er überholen möchte oder sich in eine andere Richtung entfernt. Sind die Kinder dabei, müssen sie dicht bei Ihnen bleiben. Je nach Alter des Welpen dauert ein Bindungsspaziergang 5 bis 10 Minuten.

ÄLTERE HUNDE Bauen Sie immer wieder mal Richtungswechsel in die Spaziergänge ein. Vor allem, wenn der Hund nicht mehr auf Sie achtet.

Allein bleiben

Nicht überallhin kann der Hund mit. Beginnen Sie damit, dass Sie ihn, egal ob Welpe oder älterer Hund, innerhalb der Wohnung nicht ständig mitnehmen. Gehen Sie ins Bad, und schließen Sie die Tür. Ignorieren Sie ihn, falls er protestiert. Kommen Sie erst dann wieder aus dem Bad, wenn er einige Momente (nicht zu kurz) ruhig war. Klappt das, sagen Sie in solchen und ähnlichen Situationen, etwa wenn der Hund im Auto auf Sie warten muss, jedes Mal »Warten«. Funktioniert das problemlos, sagen Sie »Warten«, wenn Sie zum Beispiel den Müll hinausbringen. Mit der Zeit dehnen Sie die Zeiten langsam aus. Bei sehr anhänglichen Hunden kann die Gewöhnung länger dauern als bei etwas unabhängigeren. Muss der Vierbeiner einige Stunden lang allein bleiben, sollte er sich vorher lösen und etwas auspowern können. Großes Verabschieden und überschwängliches Begrüßen beim Zurückkommen sollten Sie vermeiden. Ihren Kindern fällt das sicher schwer. Erklären Sie ihnen, dass dem Vierbeiner das Alleinbleiben dann viel leichter fällt. Auch das Ruhetraining (→ Seite 44) trägt über die dabei nötige Entspannung zum Lernen des Alleinbleibens bei.

Gewöhnung an die Hundebox

Welpen Manche Welpen nehmen die Box gut an, andere protestieren zunächst. Machen Sie die Box mit dem Hundebett gemütlich. So wird der Kleine von selbst hineingehen, wenn er müde ist. Anfangs kann die Tür offen bleiben. Ist der Welpe die Box gewöhnt, schließen Sie die Tür zunächst für einige Minuten. Findet er in der Box ein paar leckere

Happen oder etwas zum Knabbern, wird sie für ihn noch positiver. Öffnen Sie sie auf keinen Fall, wenn der Welpe protestiert, sonst lernt er, dass er damit Erfolg hat. Öffnen Sie sie entweder bevor er unruhig wird, oder erst dann, wenn er das Protestieren eingestellt hat und sich einige Momente ruhig verhalten hat. Nachts wird die Box gleich geschlossen. Aber da sind Sie ja ganz in seiner Nähe.

Älterer Hund Kennt er noch keine Box, kann die Gewöhnung je nach Typ aufwendiger sein. Aber vielleicht lässt sich alternativ eine Zimmerecke abtrennen, falls der Hund einen Bereich haben soll, in dem er zum Beispiel vor Kleinkindern »sicher« ist.

Kommen auf Ruf

Übung Als Hörzeichen eignet sich »Hier« sehr gut. Man kann es lang gezogen aussprechen, und es ist kein häufiges Alltagswort wie »Komm«. Auch eine Hundepfeife können Sie verwenden. Verbinden Sie die Übung zunächst mit der Fütterung. Einer hält den Welpen an der Brust oder am Halsband fest, während die Hauptbezugsperson zwei bis drei Meter entfernt mit dem gefüllten Napf oder einer Portion Happen in der Hand am Fütterungsplatz in der Hocke sitzt. Sicher möchte der Welpe nun zu Ihnen. Rufen Sie »Hier« oder pfeifen Sie, dann wird er losgelassen. Stellen Sie den Napf dicht vor sich auf den Boden, oder halten Sie dort Ihre Hand mit den Happen. Ist der Kleine angekommen, darf er sofort fressen und wird mit der Stimme gelobt. Haben Sie das etwa eine Woche lang bei jeder Mahlzeit so gemacht, üben Sie mehrmals täglich innerhalb der Wohnung und ohne dass der Welpe festgehalten wird. Ist er nur zwei Meter entfernt, machen Sie ihn anfangs eventuell mit Zungenschnalzen oder Ähnlichem auf sich aufmerksam. Erst wenn er Sie ansieht, rufen Sie ihn in der Hocke und mit dem Happen in der Hand. Mit der Zeit rufen Sie ihn aus etwas größeren Entfernungen und verlegen die Übung allmählich nach draußen, zuerst nur in den Garten.

So geht es weiter Erst wenn der Hund ohne Ablenkung immer sofort kommt, bauen Sie allmählich Ablenkung ein. Das kann ein Mensch oder auch ein anderer Hund in größerer Entfernung sein. Rufen

Bei manchen Übungen wie etwa beim »Kommen« kann das Kind helfen. Der Welpe drängt zu Ihnen, wird aber erst beim »Hier« losgelassen.

Sie den Vierbeiner erst wieder nur aus einer kleineren Distanz, und bewegen Sie sich dabei in entgegengesetzter Richtung weg, das beschleunigt ihn.

Kommt der Hund, darf er aus Ihrer einen Hand die Belohnung fressen, mit der anderen fassen Sie ihn währenddessen seitlich oder von unten am Halsband oder Geschirr und halten ihn fest. Leinen Sie ihn nun an, oder schicken Sie ihn mit einem festen Auflösungszeichen wie »Fertig« wieder weg. Sobald der Welpe aber das Sitzen beherrscht, lassen Sie ihn nach dem Belohnungshäppchen für das Kommen sitzen und geben ihm dafür zunächst ein weiteres. Wollen Sie ihn wieder laufen lassen, tun Sie das jetzt erst nach dem Sitzen. Das ist wichtig, damit er lernt, nach dem Kommen nicht gleich wieder abzudüsen, sondern bei Ihnen zu bleiben. Bitte verwenden Sie Ihr »Komm«-Signal in den ersten

Monaten nur, wenn Sie absolut sicher sind, dass Ihr Hund es befolgt. Nur durch ganz viele fehlerfreie Wiederholungen wird sich das Signal festigen. **Tipp** Ist die Familie gemeinsam unterwegs, ruft nur einer den Hund. Wenn Sie sich dabei vom Hund wegbewegen, müssen das alle zusammen tun und dabei dicht beisammenbleiben.

Etwas hergeben

Nicht immer hat ein Hund das im Maul, was für ihn bestimmt ist. Mal ist es ein Schuh, mal ein Spielzeug, das die Kinder liegen gelassen haben, oder sogar das Handy. Laufen Sie jetzt schimpfend auf ihn zu, bekommt er Angst oder macht sich mit seiner Beute aus dem Staub. Zeigen Sie ihm besser, dass es sich lohnt, das Teil abzugeben.
Übung Gehen Sie ruhig zu ihm und halten ihm ein Leckerchen vor die Nase. In dem Moment, in dem er den Gegenstand auslässt, sagen Sie beispielsweise »Aus«. Üben Sie das auch mit Spielzeug und hin und wieder mit einem Kauknochen. Spielzeug oder Kauknochen bekommt der Vierbeiner anschließend wieder. Nach einigem Üben gibt es den Happen erst, nachdem der Hund Ihnen den Gegenstand überlassen hat. Knabbert er aber an Ihrem Teppich oder am Stuhlbein, funktioniert die Tauschübung nicht. Je nach Hundetyp hilft Ablenken, entschlossenes Auf-ihn-Zugehen und/oder ein knurriges »Nein« (→ Seite 33).

Sitz

Übung Zeigen Sie dem Hund ein Leckerchen, und halten Sie es über seinem Kopf. Halten Sie die Hand ruhig. Springt er hoch, bleibt die Hand geschlossen, damit er den Happen nicht erwischt. Bald setzt er sich, nun erst sagen Sie »Sitz« und geben ihm den Happen. Lösen Sie die Übung wie beim Kommen

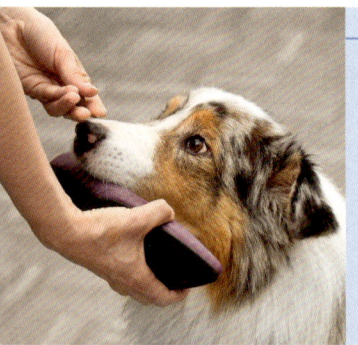

EINFACH Unerlaubte Beute wird gegen ein leckeres Häppchen eingetauscht. So gibt der Hund sie gerne ab, anstatt sie in Sicherheit zu bringen.

SCHWIERIG Der Vierbeiner bleibt so lange ruhig vor seinem gefüllten Futternapf sitzen, bis er von Ihnen die Erlaubnis zum Fressen bekommt.

Das Leckerchen wird über den Kopf gehalten, bis der Hund sich von selbst setzt. Sind dabei alle vier Beine am Boden, gibt es den Happen.

auf (→ Seite 39). Nach wenigen Tagen schon wird Ihr Hund sich setzen, wenn Sie »Sitz« sagen. Sobald das klappt, warten Sie mit der Belohnung nach dem »Sitz« immer länger, damit der Vierbeiner lernt, auch länger sitzen zu bleiben. Nun gibt es nicht mehr für jedes Sitzen einen Happen, sondern nur noch hin und wieder und für besondere Leistungen, etwa wenn er brav sitzen geblieben ist, obwohl sich Personen in der Nähe bewegen oder ein angeleinter Hund in Sichtweite ist.

So geht es weiter Wenn nach etwa einer Woche Üben der Vierbeiner ruhig sitzt, kommt eine Variante hinzu. Bisher haben Sie die Fütterung zur Festigung des Kommens genutzt. Nun soll der Welpe lernen, vor dem gefüllten Napf zu warten, bis er – auch hier wieder durch das Auflösungshörzeichen (z. B. »Fertig«) – die Erlaubnis zum Fressen bekommt. Es kann sein, dass Sie ihn dafür anfangs

an die Leine nehmen müssen, damit er nicht zu früh an den Napf kommt. Die Übung ist wichtig für Ihre Position im Mensch-Hund-Team und um der Verteidigung von Futter vorzubeugen.

Platz

Sobald der Vierbeiner das Sitzen beherrscht, können Sie mit dem »Platz« beginnen.

Übung Halten Sie dem sitzenden Hund einen leckeren Happen dicht vor die Nase und führen ihn langsam in gerader Richtung oder leicht in Richtung Hund zum Boden. Klemmen Sie den Happen mit dem Daumen unter die Handfläche. Möchte der Hund ihn unbedingt, wird er sich hinlegen. In dem Moment, in dem er liegt, sagen Sie »Platz« und öffnen die Hand. Hat der Vierbeiner die Übung verstanden und legt sich gleich hin, wenn Sie Ihr Signal sagen und die Hand nach unten führen, warten Sie mit dem Öffnen der Hand so lange, bis der Hund kurz ruhig liegt und nicht nach dem Leckerchen in Ihrer Hand bohrt. Auflösen nicht vergessen.

So geht es weiter Nehmen Sie keinen Happen mehr in die Hand, sondern geben Ihrem Vierbeiner erst etwas, wenn er sich ins »Platz« gelegt hat. Dehnen Sie allmählich die Zeit aus und belohnen ihn erst, wenn er lange genug liegen geblieben ist. Nach und nach gehen Sie nicht mehr neben dem Hund in die Hocke, sondern stehen neben ihm.

Bleib

Sobald der Vierbeiner etwa eine Minute ruhig an Ihrer Seite sitzen und im »Platz« liegen kann, ist es Zeit für die Lektion »Bleib«, die im Alltag oft sehr nützlich ist. Dabei soll der Hund so lange allein an einer bestimmten Stelle sitzen oder liegen bleiben, bis Sie ihn dort wieder abholen. Kommen etwa Freunde Ihrer Kinder zu Besuch, die vor Hunden etwas Angst haben, können Sie Ihren Vierbeiner etwa auf seinem Bett ablegen. Wenn nach einem Spaziergang der Hund schmutzig ist, lassen Sie ihn vor der Haustür sitzen und holen in Ruhe ein Tuch zum Säubern. Bringen Sie Ihr Kind in den Kindergarten, kann der Vierbeiner ein Stück vom Eingang entfernt auf Sie warten. Sie können ihn dabei auch anbinden. Hat er »Bleib« gelernt, wird er entspannt auf Sie warten. Ohne diese Übung kann eine solche Situation dagegen für ihn zum Stress werden.

Übung Wichtig sind eine ruhige Stimme und sanfte Bewegungen, weil der Vierbeiner sich beim »Bleiben« auch entspannt verhalten muss. Lassen Sie den Hund an Ihrer Seite sitzen oder liegen. Nun sagen Sie »Bleib« und stellen sich dicht vor ihn, nur etwa 20 cm entfernt und ihm zugewandt. Dort bleiben Sie wenige Sekunden und gehen wieder an seine Seite zurück. Loben Sie ihn mit der Stimme sowie mit ruhigem Streicheln (Letzteres nur, falls

er dabei nicht aufspringt). Dehnen Sie die Zeit, die Sie dicht vor dem Hund stehen, nach und nach aus. Erst wenn der Vierbeiner dabei völlig entspannt sitzt bzw. im »Platz« liegt, vergrößern Sie die Distanz ein wenig. Dann wieder die Zeit ausdehnen, erst danach wieder die Entfernung vergrößern und so weiter. Die Leine lassen Sie anfangs am Hund und halten sie so, dass sie locker durchhängt. Wenn Sie sich weiter entfernen, können Sie sie nach vorne auf dem Boden auslegen.

So geht es weiter Wenn im Lauf der Wochen der Vierbeiner auch dann ruhig und entspannt sitzen bleibt, wenn Sie drei, vier Meter von ihm weg sind, beginnen Sie, vor dem Hund und parallel zu ihm hin und her zu gehen. Dehnen Sie auch dabei Zeit und Entfernung weiter aus. Als Nächstes umkreisen Sie ihn, und nach etlichen Wochen Training gehen Sie kurz außer Sicht. Das machen Sie überwiegend im »Platz«, in dem im Alltag der Hund meist warten soll. Das ist bequemer für ihn, und er kann abschalten – er weiß, dass Sie ihn wieder abholen. Üben Sie mit zunehmendem Können auch unter Ablenkung.

Die Leinenführigkeit

Wer kennt sie nicht – die Hunde, die mit ihrem Menschen spazieren gehen anstatt der Mensch mit dem Hund. Häufig sieht man auch Kinder, die von einem Vierbeiner munter hinter sich hergezerrt werden. Bei einem kleinen Hund ist das noch nicht sehr mühsam, bei größeren Vierbeinern ist Zerren an der Leine bald eine Belastung und für Kinder unter Umständen sogar gefährlich. Dieses Problem ist aber zu einem großen Teil hausgemacht – Hunde lernen am Erfolg. Zerrt der Vierbeiner und Sie gehen mit, wird er es immer wieder tun und seine Bemühungen sogar noch verstärken. An der lockeren Leine sollte der Hund immer da

Bewegt sich das Häppchen gerade nach unten, legt der Hund sich hin. Vorsicht: Bei schräg nach vorne geführtem Häppchen steht der Hund auf!

gehen, wo er angeleint sein muss, es aber ausreichend ist, wenn er im Radius der Leine läuft. Dabei ist es egal, ob er etwas voraus, ein Stück neben Ihnen oder hinter Ihnen läuft oder auch mal auf die andere Seite wechselt.

Übung Trainieren Sie gezielt Nichtzerren, indem Sie jedes Mal, wenn die Leine sich strafft, sofort und ohne etwas zu sagen stehen bleiben. Warten Sie, bis der Hund irgendetwas macht, wodurch die Leine wieder locker wird. Jetzt gehen Sie los. Sobald die Leine wieder straff wird, bleiben Sie wieder stehen. So lernt der Vierbeiner, wie er vom Fleck kommt und wie nicht. Bei älteren Hunden helfen abrupte Richtungswechsel um 180 Grad, wenn der Hund vorausläuft – aber noch bevor die Leine sich strafft. Lassen Sie sich das jedoch am besten von einem damit vertrauten Trainer zeigen.

Tipp Schon beim Welpen sollten Sie darauf achten, dass er nicht zerrt. Auch wenn die Kinder gern mit dem Kleinen spazieren gehen möchten – vermeiden Sie Strecken an der Leine. Tragen Sie das Hundekind besser, oder fahren Sie mit dem Auto.

Bei Fuß

Der Hund soll nicht nur an der lockeren Leine gehen, sondern dicht an Ihrer Seite, und zwar immer an derselben Seite. Das ist immer dann nützlich, wenn es auf einem Weg eng wird und Radfahrer oder ängstliche Kinder entgegenkommen, oder wenn Sie einen Kinderwagen schieben.

Übung Suchen Sie sich zunächst aus, ob Sie den Vierbeiner rechts oder links führen wollen. Entscheiden Sie sich für links, nehmen Sie die Leine in die rechte Hand und in die linke einen Happen. Halten Sie dem angeleinten Hund das Leckerchen dicht vor die Nase, und lassen Sie den Arm mit dem Leckerchen dann auf Höhe Ihres Beines.

Wenn der Vierbeiner auf den Happen fixiert ist, ist er genau an Ihrer Seite. Gehen Sie jetzt entschlossen los. Während der Hund mitläuft und am Leckerchen knabbert, sagen Sie zum Beispiel »Fuß«. Nach wenigen Metern bekommt der Hund seinen Happen, und Sie machen mit einem neuen weiter. Allmählich verlängern Sie die Strecken.

So geht es weiter Als Nächstes nehmen Sie die Hand mit dem Leckerchen an oder in die Jackentasche. Der Hund schaut dann aufmerksam zu Ihnen und bekommt anfangs schon nach wenigen Metern seinen Happen. Dehnen Sie die Strecke nach und nach aus und bauen nach einigen Wochen Training Ablenkungen ein. Im Alltag ist es

NÜTZLICH Läuft der Hund gut bei Fuß, sind viele Situationen für Zwei- und Vierbeiner stressfrei. Üben macht allen Spaß und zahlt sich aus!

KONTROLLE Ein gut erzogener Hund kann einfach »geparkt« werden. Etwa wenn Kinder kommen, die ihm gegenüber etwas unsicher sind.

später nicht notwendig, dass der Hund dauernd Blickkontakt hält. Doch bis er die Übung beherrscht, ist es wichtig.

Tipp Beim Spazierengehen mit Kinderwagen werden Sie vielleicht merken, dass der Hund am Kinderwagen »Fuß« geht und nicht an Ihrem Bein. Das ist in Ordnung.

Ruhe lernen

Hunde schlafen von Natur aus viel und brauchen auch ihre Ruhephasen. Dauernde Action kann einen Vierbeiner nervös und überaktiv machen, auch wenn er gern mitmacht. Es gibt viele Situa-

tionen, in denen Ruhe angesagt ist. Wenn Sie mit den Kindern gerade Vokabeln üben, die Familie isst, wenn der Hund im zu wilden Spiel mit den Kindern überdreht, wenn es zu Hause gerade turbulent ist oder Sie in einem Lokal sind.

Übung Daheim kann Ihr Hund in der Box ruhen oder schlafen, und Sie müssen nicht auf ihn achten. Alternativ machen Sie ihn mit der Leine an seinem Platz fest. Eine weitere Möglichkeit ist, ihn mit der Leine direkt neben Ihnen am Stuhl- oder Tischbein festzubinden. Geben Sie ihm dabei, vor allem wenn er noch am Anfang der Ausbildung steht, kein Kommando. Denn dann müssten Sie ständig darauf

Wird der Trubel zu groß, holen Sie den Hund zu sich. Machen Sie ihn etwa am Stuhlbein fest, und beachten Sie ihn nicht mehr. So lernt er, sich der Situation anzupassen, obwohl Ablenkung in der Nähe ist.

achten, dass er es auch ausführt, und ihn gegebenenfalls korrigieren. Das bringt noch mehr Unruhe. Durch seinen begrenzten Radius hat der Vierbeiner keine Alternative und wird sich rasch hinlegen.

Tipp Soll Ihr Hund sich ruhig verhalten, ist es ganz wichtig, dass ihn auch wirklich jeder in Ruhe lässt.

Anspringen vermeiden

Welpen springen fast alle gern am Menschen hoch. Aber auch jenseits des Welpenalters zeigen sich viele Hunde hier recht engagiert. Doch da wird es rasch zum Problem. Der Hund ist nicht immer sauber, zum anderen haben Kinder größere Hunde dann praktisch im Gesicht und können außerdem leicht umgestoßen werden. Auch beim Anspringen hängt viel vom eigenen Verhalten ab.

Übung Drehen Sie sich um, wenn der Hund ansetzt. Verschränken Sie die Arme, und sagen Sie nichts. Erst wenn der Hund einige Augenblicke Ruhe gibt, wenden Sie sich ihm wieder zu, aber betont ruhig. Sobald er wieder ansetzt – umdrehen. Größere Kinder können die Übung auch anwenden, sofern der Hund nicht zu viel Kraft hat. Ansonsten greifen Sie ein und hindern ihn am Springen. Beherrscht der Vierbeiner das »Sitz«, können Sie ihn auch dadurch bremsen. In dem Moment, in dem er zum Anspringen ansetzt, kommt Ihr Hörzeichen. Dafür gibt es dann eine Belohnung, etwa ein mit viel Ruhe ausgesprochenes Lob oder sanftes Streicheln. Wichtig ist auf jeden Fall, dass Sie jegliche Unruhe vermeiden, die den Hund zum erneuten Anspringen verführen könnte.

Tipp Achten Sie darauf, dass schon der Welpe keinen Erfolg mit dem Anspringen hat. Vermeiden Sie und auch die Kinder eine überschwängliche Begrüßung des Hundes. Denn solche Dinge fördern das Anspringen sehr.

Kinder- und **Hundeerziehung**

TIPPS VON DER FAMILIENHUND-EXPERTIN **Katharina Schlegl-Kofler**

Manches ist bei der Erziehung von Kindern und Hunden ähnlich. So brauchen sowohl Kinder als auch Hunde Regeln und jemanden, der sie leitet und Sicherheit gibt. Manches ist aber ganz anders:

KURZ UND KNAPP Einem Kind kann man erklären, warum es dieses oder jenes tun oder lassen soll, beim Hund führt das zur Verwirrung. Die Anweisung für das Kind »Setz dich bitte hin, das Essen ist fertig« heißt beim Hund lediglich »Sitz«.

LOB UND TADEL Sie müssen beim Hund stets unmittelbar nach dem entsprechenden Verhalten erfolgen. Auch kann man ihm nichts »androhen«. Zerkaut der Hund etwa einen Schuh, nützt es nichts, ihn am nächsten Tag zur Strafe nur an der Leine zu führen. Ein Kind dagegen kann die Aussicht auf Computerverbot bei Nichtaufräumen seines Zimmers durchaus zur Einsicht bringen.

AUSNAHMEN Ein Kind versteht durchaus, dass es mal länger aufbleiben darf, weil eine interessante Fernsehsendung kommt. Holen Sie sich aber den Hund ausnahmsweise auf das Sofa, das sonst tabu ist, kann dieser das nicht einordnen.

Der Hund im Alltag

Der Vierbeiner hat Ihr Leben ein wenig umgekrempelt, doch so allmählich kehrt der Alltag ein. Jetzt heißt es, Aufgaben zu verteilen und Spaß zusammen zu haben. Mit dem nötigen Wissen über den richtigen Umgang mit dem Vierbeiner können Sie sämtliche Alltagssituationen spielend meistern.

Die Rangordnung in der Familie

Wölfe, die Vorfahren unserer Hunde, leben in Familienverbänden, die von erfahrenen Alttieren angeführt werden. Auch Hunde leben in sozialen Verbänden. Auf ihrem Weg vom Wolf zum Haustier wurden Hunde so verändert, dass sie beeinflussbar geworden sind und sich an Menschen gewöhnt haben. Das »menschliche Rudel« ist natürlich nicht eins zu eins mit einem Hunde- oder Wolfsrudel zu vergleichen. Wie Sie schon im letzten Kapitel lesen konnten, brauchen Hunde einen übergeordneten, souveränen und beständigen Partner, der für sie sorgt, ihnen Sicherheit vermittelt und sie leitet. Findet der Hund bei seinem Menschen diese Eigenschaften, wird er sich gern an ihm orientieren. Findet er sie nicht, wird er tun, was er will und im ungünstigen Fall seinerseits Regeln aufstellen, und so etwa bestimmen, wer wann auf das Sofa darf. Spätestens dann wird es ungemütlich.

Wer ist der Chef?

Damit nicht der Hund bestimmt, wo's langgeht, heißt das im Alltag – neben Erziehung und Regeln –, dass überwiegend der Mensch agiert und der Hund reagiert. Der Hund bekommt zum Beispiel kein Futter, wenn er es fordert. Sie bestimmen, wann es Futter gibt. Es wird überwiegend nicht dann mit ihm gespielt, wenn der Vierbeiner dazu in Laune ist, sondern in erster Linie dann, wenn Sie es möchten. Sie bestimmen auch das Ende des Spiels – und zwar bevor der Hund keine Lust mehr hat. Er wird nicht immer gestreichelt, wenn er schmusen möchte. Ignorieren Sie in diesen und vielen ähnlichen Situationen seine Bemühungen. Je fordernder Ihr Hund ist, umso strenger sollten Sie das sehen. »Rudelführer« in der Familie sind am besten Erwachsene oder entsprechend verständige Teenies.

Alltagssituationen meistern

Anfangs reißt sich jeder darum, mit dem neuen Hund etwas zu machen. Kinder sollten aber nicht für zu viele Dinge zuständig sein. Sie haben heute zahllose Termine und viel zu lernen. Außerdem ist der Reiz des Neuen möglicherweise nach ein paar Monaten schon wieder geringer. Also lieber für weniger verantwortlich sein, das aber zuverlässig – zum Beispiel lieber jeden Morgen das Trinkwasser wechseln, anstatt zweimal täglich zu festen Zeiten eine Stunde spazieren zu gehen.

Der Chef sind Sie

Der Hund sieht im Menschen zwar einen Sozialpartner, aber sicher nicht seinesgleichen. Deshalb ist ein Kind für einen Hund kein Welpe, wie häufig angenommen wird. Schon allein deshalb nicht, weil Kinder sich völlig anders verhalten. Jüngere Kinder können sich nur selten beim Hund durchsetzen und sollten das auch nicht versuchen. Dafür sind Sie zuständig. Springt der Hund das Kind an, zieht an seiner Kleidung oder möchte ihm das Brot

Welche Aufgaben Ihr Kind übernehmen kann, hängt von seiner Entwicklung ab, aber auch davon, welcher Typ Ihr Hund ist. Regelmäßige Fellpflege kann eine geeignete Aufgabe sein, wenn der Hund sie genießt.

aus der Hand klauen usw., müssen Sie das regeln. Wie, hängt vom Wesen des Hundes ab. Bei dem einen reicht ein strenges, »geknurrtes« Nein, beim anderen muss man dieses verbale Signal durch einen Griff ins Fell (nicht schütteln!) unterstreichen. Bleiben Sie dabei souverän und bestimmt, und werden Sie nie hektisch oder laut.

Die Aufgabenverteilung

Es hängt vom Alter und der Persönlichkeit Ihrer Kinder, aber auch vom Hund ab, welche Aufgaben sie bei der Versorgung des Hundes übernehmen können. Jüngere Kinder dürfen zum Beispiel regelmäßig das Hundebett ausschütteln oder für frisches Wasser im Napf sorgen. Wird der Vierbeiner gern gebürstet und hat er ein kurzes Fell, bei dem das Bürsten nicht zieht, ist auch das etwas, was ein kleineres Kind übernehmen kann. Größere Kinder und Teenies können, wenn der Hund sie als übergeordneten Partner akzeptiert, das Füttern übernehmen. Dazu gehört auch das Säubern der Näpfe, was aber womöglich weniger Begeisterung auslöst. Bei der Erziehung zur Stubenreinheit können größere Kinder darauf achten, den Welpen rechtzeitig hinauszubringen. Die Beseitigung eventueller Malheurs in der Wohnung überlässt man aber wahrscheinlich gerne den Eltern.

Spaziergänge von Kind und Hund

Kinder lieben es, Hunde spazieren zu führen. Wenn Sie als Erwachsener dabei sind, spricht auch nichts dagegen. Sie können dem Kind Tipps geben und sehen, ob die Art der Strecke geeignet ist. Außerdem sind Sie zur Stelle, wenn das Kind nicht zurechtkommt. Bevor Sie die Kinder allein mit dem Hund losschicken, sollten Sie einige Punkte bedenken: Kann Ihr Kind den Hund überhaupt

---

Gesundheit und Hygiene

TIPPS VON DER FAMILIENHUND-EXPERTIN **Katharina Schlegl-Kofler**

Übertriebene Vorsicht ist nicht notwendig, aber ein paar Punkte sollten Sie beherzigen:

SAUBERKEIT Reinigen Sie die Näpfe regelmäßig.

ABLECKEN Nicht immer lässt sich verhindern, dass Hunde Kinder im Gesicht und an den Händen ablecken. Danach Gesicht und Hände waschen.

AUFSICHT Lassen Sie Ihren Hund nicht streunen. Sie wissen nicht, mit welchen unappetitlichen Dingen er dadurch in Kontakt kommt.

IMPFEN UND WURMKUREN Lassen Sie den Hund regelmäßig impfen und entwurmen. Mit kleineren Kindern im Haushalt können vierteljährliche Wurmkuren sinnvoll sein.

PARASITEN Wenden Sie sich an den Tierarzt, wenn der Hund sich häufig kratzt oder schwarze Krümel im Fell hat. Die Ursache kann Floh- oder Milbenbefall sein, der behandelt werden muss.

URLAUB Vorbeugend gegen Ungeziefer können Sie Ihrem Hund Spot-on-Präparate auf die Haut träufeln. Wichtig sind solche Medikamente vor einem Urlaub im Süden.

halten? Schon relativ kleine Hunde können für jüngere Kinder zu viel Kraft haben, wenn sie an der Leine Gas geben. Spazieren gehen sollten Sie Ihr Kind mit dem Hund nur dann lassen, wenn dieser es als Autorität respektiert und dem Kind gehorcht. Dann haben beide ihren Spaß. Ist die Hierarchie nicht klar, kann so einiges passieren. Ich erinnere mich an eine Situation, die ich erlebte, als ich mit meiner Hündin unterwegs war. Hundert Meter entfernt war ein etwa achtjähriges Mädchen mit einem mittelgroßen Hund an der Flexileine. Der Hund sah meinen, rannte los, und das Kind flog der Länge nach auf die Nase. Zum Glück war keine Straße dazwischen. Was geschieht, wenn Ihr Vierbeiner von einem Artgenossen attackiert wird? Kinder sind mit solchen Situationen rasch überfordert und fühlen sich womöglich noch schuldig, wenn dem geliebten Vierbeiner oder jemand anderem etwas passiert. Ein anderer Punkt, den Sie bedenken sollten, wenn Ihr Kind mit dem Hund spazieren geht, ist die Leinenführigkeit (→ Seite 42). Zerrt der Hund das Kind hinter sich her und kommt so dahin, wo er hinmöchte, lernt er, dass Zerren etwas bringt. Ihre Bemühungen, ihm das abzugewöhnen, fruchten dann nicht viel.

Der Hund im Kinderbett

Hin und wieder nimmt unser Sohn unsere Hündin mit in sein Bett, das genießen beide sehr. Ist der Vierbeiner gepflegt, frei von Parasiten und sauber, spricht nichts dagegen, wenn ältere Kinder ihren

Viele Vierbeiner genießen es, wenn ihre Menschen sich auf dem Boden aufhalten, und legen sich dazu. Das ist gemütlich.

Ob der Hund auf das Sofa oder ins Bett darf, ist Geschmackssache sowie eine Frage der Mensch-Hund-Beziehung und Ihrer Führungsqualitäten.

nicht zu großen Vierbeiner bei sich schlafen lassen. Wenn sie das mit einem bestimmten Hörzeichen verbinden, lernt der Hund, dass das Nickerchen im Kinderbett nur in Verbindung damit erlaubt ist. Ist Ihr Vierbeiner selbstbewusst und fordernd, sollten Sie ihn nicht ins Kinderbett lassen. Bett und Sofa gehören zu den privilegierten Plätzen und würden den »Höhenflug« des Hundes eher weiter fördern. In diesem Fall ist es besser, Sofa und Betten zum Tabu zu erklären. Durchsetzen müssen Sie das, Kinder sollten den Hund in solchen und ähnlichen Situationen nicht maßregeln.

Mit dem Hund unterwegs

Ihr Vierbeiner wird Sie viel begleiten und muss bei allen Planungen stets berücksichtigt werden.

› Bedenken Sie bei Ihren Ausflügen, dass der Vierbeiner zwar auch mal im Auto warten kann, jedoch nie bei Hitze oder Kälte. Während der Fahrt muss er sicher untergebracht sein. Entweder auf der Rückbank mit einem speziellen Sicherheitsgurt oder im Heck eines Kombis, das durch ein Gitter vom Fahrgastraum getrennt ist.

› Vor Unternehmungen sollte sich der Hund lösen und, falls ein bewegungsarmer Ausflug ansteht, genügend Auslauf haben. Packen Sie Tüten für die Beseitigung von Häufchen, Wasser und auch etwas zum Knabbern ein. Berücksichtigen Sie, dass Welpen und Junghunde sowie alte Hunde keine weiten Strecken laufen können.

› Achten Sie unterwegs auf mögliche Gefahren. In der Nähe von Straßen oder in belebten Gebieten, etwa in der Stadt, sowie in Lokalen gehört der Vierbeiner stets an die Leine.

› Überlegen Sie, ob es gern gesehen ist, wenn Ihr Hund in anderen Wohnungen frei läuft. Der Hund von Freunden hat bei Bekannten, bei denen sie

Zur Sicherheit von Mensch und Hund muss der Laderaum vom Fahrgastraum duch ein TÜV-geprüftes Gitter oder Netz getrennt sein.

zu Besuch waren, zwei Zimmer weiter den ganzen Nachmittagskuchen aufgefressen.

› Bevor Sie Ihre vierbeinige Wasserratte zum Schwimmen in ein Gewässer lassen, prüfen Sie, ob unter der Wasseroberfläche möglicherweise Äste treiben und ob der Ausstieg möglich ist.

› Bei Fahrten in den Urlaub braucht auch Ihr Vierbeiner noch genügend Platz im Auto. Angebote für den Urlaub mit Hund finden Sie in Hundezeitschriften (→ Seite 62) oder im Internet unter dem Suchbegriff »Urlaub mit Hund«. Wählen Sie das Urlaubsziel hundegerecht – beispielsweise vertragen manche Hunde Hitze schlecht, und Städtereisen sind grundsätzlich nicht hundegeeignet. Planen Sie einen Strandurlaub, sollten Sie sich vorab erkundigen, ob der Hund mit an den Strand und ins Wasser darf. Das ist in der Regel nur an ausgewiesenen Hundeständen erlaubt.

Konflikte vermeiden

Die meisten Familien leben problemlos mit ihren Vierbeinern zusammen. Trotzdem kommt es immer wieder zu Beißunfällen, meistens mit dem eigenen Hund oder dem von Freunden oder Nachbarn. Ursachen sind Fehlverhalten des Kindes, aber auch individuelle Unterschiede im Wesen von Hunden. So zuckt der eine Vierbeiner nur zusammen, wenn er im Schlaf erschreckt wird, ein anderer schnappt zu.

Eine Rückzugsmöglichkeit

Hunde sind sehr unterschiedlich, auch in ihrem Bedürfnis nach Körperkontakt und Spielen. Viele sind echte Schmusebacken oder toben mit den Kindern, wann immer sie Gelegenheit dazu haben. Andere haben das nicht so gern und bleiben auf Abstand, ihnen reicht etwas weniger ausgiebiger Körperkontakt. Oder sie spielen nicht so gern und lang. Doch auch der schmusigste oder spielfreudigste Hund braucht mal eine Auszeit. Der Vierbeiner soll wissen, dass er auf seinem Schlafplatz oder wenn er sich anderswohin zurückzieht, auch wirklich seine Ruhe hat. Erklären Sie Ihren Kindern, dass jegliche Störung des Hundes tabu ist, wenn er auf seinem Bett liegt oder sich ihnen entzogen hat. Hat sich der Vierbeiner unter den Tisch oder die Bank gelegt, bleibt er dort ebenfalls ungestört. Schläft er, gilt das genauso. Soll der Hund geweckt werden, weil Sie vielleicht mit ihm wegfahren möchten, dann sprechen Sie ihn an. Auf keinen Fall sollten die Kinder ihn »wach rütteln«. Ein Hund, der erschrickt, kann unvorhersehbar reagieren. Sind Ihre Kinder noch zu klein, um das zu verstehen, hilft eine Hundebox (→ Seite 38) oder eine abgetrennte Zimmerecke, in die sich der Vierbeiner »retten« kann.

Die Fütterung

Der Hund soll sein Futter Ihnen gegenüber nicht verteidigen. Manche Hunde kämen nie auf die Idee, andere versuchen es schon als Welpe. Beugen Sie dem Problem schon beim Welpen vor, indem Sie, während er frisst, hin und wieder noch etwas Leckeres in den Napf legen. So lernt er, dass es gut ist, wenn Sie an den Napf fassen. Bleibt er entspannt, können Sie den Napf ab und zu kurz wegnehmen, um den Leckerbissen hineinzulegen. Kinder sollten dem Hund niemals den Napf wegnehmen, ebenso wenig ein Knabberteil oder Spielzeug!

Sorgen Sie dafür, dass der Hund beim Fressen Ruhe hat. Das heißt nicht, dass alle weggehen müssen. Er sollte entspannt sein, wenn seine Menschen in der Nähe sind oder jemand an ihm vorbeigeht. Aber bitte nicht anrempeln. Auch Streicheln oder gar Umarmen ist während des Fressens tabu.

Abbruchsignal üben

Der Hund soll Kindern nichts klauen und nur mit Erlaubnis etwas nehmen. Übung: Legen Sie oder Ihr Kind den Happen auf die flache Hand. In dem Moment, in dem der Hund ihn nimmt, sagen Sie »Nimm's«. Das machen Sie zwei, drei Mal. Beim nächsten Mal sagen Sie nichts. Will er den Happen jetzt nehmen, schließen Sie mit »Stopp« rasch die Hand (nicht wegziehen!). Nach etwas Üben wird er den Happen auch aus der offenen Hand nur bei »Nimm's« nehmen. »Stopp« kann nun – je nach Hundetyp – auch anderes Verhalten unterbrechen.

Der Vierbeiner hat genug vom Schmusen und entzieht sich. Das Kind sollte ihn nicht bedrängen, sondern akzeptieren, dass er seine Ruhe möchte.

Der Hund wendet den Blick ab, leckt sich die Schnauze und legt die Ohren an – er signalisiert damit, dass es ihm zu viel wird. Unterbrechen Sie die Situation.

Liebesbeweise

Mit das Schönste am Zusammensein mit einem Hund ist es, mit ihm zu kuscheln, ihn zu streicheln oder ihn zu umarmen. Ein paar Dinge gibt es dabei jedoch zu beachten:

› Hunde mögen ruhiges Kraulen und Streicheln in Wuchsrichtung des Fells, also nicht »gegen den Strich«. Tätscheln des Kopfs oder ähnliche »Streicheleinheiten« sind jedoch nicht so beliebt. Zeigen Sie Ihren Kindern, was dem Hund gefällt.

› Möchte Ihr Kind etwas vom Hund, sei es Spielen oder Streicheln, sollte es den Vierbeiner zu sich rufen. Allerdings nicht mit dem »Komm«-Signal, sondern mit dem Namen. Kommt der Hund nicht, heißt das, dass er keine Lust auf Kontakt mit dem Kind hat. Das muss Ihr Nachwuchs akzeptieren.

› Kleinkinder experimentieren gern mal mit dem Hund. Schnell landet dann der Finger im Auge oder im Ohr des Vierbeiners, oder er wird am Schwanz gezogen. Behalten Sie Kleinkind und Hund stets im Auge, damit Sie so etwas verhindern können.

› Manche Vierbeiner haben eine Engelsgeduld und lassen alle Liebkosungen über sich ergehen, manchen wird es zu viel, wenn sich das Kind auf sie legt oder sie leidenschaftlich umarmt. Woran erkennen Sie, wann es dem Hund unbehaglich wird? In dem Fall senkt er den Kopf etwas, leckt sich die Schnauze, blickt verunsichert oder versucht, sich der Situation zu entziehen. Spätestens jetzt, besser früher, sollte Ihr Nachwuchs ihn in Ruhe lassen. Kann der Hund nicht »entkommen«, wird er eventuell deutlicher und knurrt, die Körperhaltung wird steif.

Stürmisches Verhalten

Kinder und Hunde spielen gern miteinander. Wenn nun Hund, Kind oder vielleicht auch beide mehr Temperament haben, kann das Spiel leicht überborden. Das Kind ist überfordert und bekommt womöglich Angst. Besonders jüngere Kinder reagieren oft so, dass sie die Arme hochreißen und mit hoher Stimme »Nein!« rufen, etwa wenn sie etwas Essbares in der Hand vor dem Hund »retten«

wollen. Das versteht der Vierbeiner aber geradezu als Aufforderung zu noch stürmischerem Verhalten. Genauso ist es, wenn das Kind wegläuft und vielleicht noch dazu schreit. Für den Hund ist das ein Signal zum Hinterherlaufen, und es animiert ihn vielleicht auch noch, nach Kleidung oder Waden zu schnappen. Das Kind sollte lieber stehen bleiben, nichts sagen, die Arme verschränken und sich wegdrehen oder im Zweifelsfall das Essen fallen lassen. Besonders bei jüngeren oder wilderen Kindern ist es wichtig, dass Sie die Situation im Auge behalten und rechtzeitig unterbrechen. Mit der Zeit kennen Sie und Ihre Kinder Ihren Vierbeiner gut und können das Spiel so gestalten, dass weder Kind noch Hund

überdrehen. Souveräne Teenies können rüpelhaftes Treiben zusätzlich mit einem dem Hund bekannten »Verbotswort« (z. B. »Nein«) unterbrechen. So lernt der Vierbeiner, dass solches Verhalten »doof« ist und er damit keinen Erfolg hat. Laufen Kinder dem Hund hinterher, macht das meist beiden Spaß. Doch Hunde spielen durchaus auch gerne mal allein.

Fremde Kinder

Wenn Sie Ihren Vierbeiner gut kennen, werden Sie wissen, wie er auf fremde Kinder reagiert. Es gibt echte Kindernarren, die jedes Kind super finden. Manche haben aber auch Vorlieben und kommen nur mit größeren Kindern oder nur mit den »eige-

Fangen spielen macht zwar Spaß, kann aber durch Missverständnisse zum Problem werden, sowohl wenn das Kind als auch wenn der Hund der Gejagte ist.

nen« klar. Sie kennen sicher die Freunde Ihrer Kinder und können einschätzen, wie sie mit dem Hund umgehen. Harmonieren alle gut, können Zwei- und Vierbeiner miteinander tollen und Spaß haben. Besuchskinder finden es spannend, unter Ihrer Anleitung den Hund mal sitzen oder die Pfote geben zu lassen. Sie sollten ihn aber nicht herumkommandieren oder zurechtweisen.

› Ist Ihr Hund beim Begrüßen von Kindern etwas zu stürmisch, trainieren Sie mit ihm, sich stattdessen zu setzen. Dafür gibt es dann eine leckere Belohnung. Das ist nützlich, denn auch wenn Ihr Hund Kinder über alles liebt, haben manche vor ihm Angst. Da hilft auch kein »Der will nur spielen!«.

› Falls Sie das Gefühl haben, die Besuchskinder sind nicht so firm im Umgang mit dem Hund, erklären Sie ihnen das eine oder andere oder behalten den Hund bei sich.

› Ist Ihr Hund noch ein Welpe, vermeiden Sie, dass Kinder ihn herumtragen. Welpen sind rasch überfordert. Behalten Sie das Geschehen also im Auge, wenn Besuchskinder da sind, und reagieren Sie je nach Situation.

› Manchmal streiten Kinder auch miteinander. Hier sollten Sie beobachten, wie Ihr Hund reagiert. Vierbeiner mit ausgeprägtem Schutzinstinkt sehen es manchmal als ihren Job, die Kinder ihres »Rudels« zu verteidigen.

Alte und kranke Hunde

› Im Alter lassen beim Hund Hör- und Sehvermögen nach, die Gelenke schmerzen. Das kann auch Veränderungen in seinem Verhalten zur Folge haben. Hunde, die schlechter hören oder sehen, erschrecken schneller. Schmerzen die Gelenke, reagiert der Hund unter Umständen unerwartet, wenn man mit ihm spielt, er mal angerempelt wird oder sich ein Kind auf ihn lehnt. Nähern Sie sich dem Hund immer von vorn, und sprechen Sie ihn an.

› Auch jüngere Hunde können Schmerzen haben. Rückenprobleme oder Hüftgelenksdysplasie, aber auch Ohrenschmerzen können ihnen zusetzen. Wenden Sie sich an Ihren Tierarzt, wenn Sie bei Ihrem Hund ungewöhnliches Verhalten bemerken.

Ist das Kind dem Hund nicht gewachsen und Sie sind nicht in der Nähe, sollte es das Brötchen fallen lassen.

Spiele und Beschäftigung

Spazierengehen und Kuscheln lieben die meisten Hunde, aber sie wollen auch Beschäftigung für den Kopf. Das lastet sie aus und macht ihnen Spaß. Außerdem stärkt gemeinsamer Spaß die Bindung. Sie haben es ja schon gelesen – beim systematischen Aufbau der einzelnen Gehorsamsübungen können Kinder oft nicht so viel tun (→ Seite 37). Doch bei der Beschäftigung sieht es anders aus. Hier finden Sie ein paar Anregungen für zu Hause und unterwegs. Wählen Sie solche Spiele, die Hund und Kind Spaß machen und die Ihr Kind, je nach Alter, auch kann. Nicht jede Beschäftigung ist für jeden Hund oder jedes Kind das Richtige. Berücksichtigen Sie besonders bei Springübungen den Körperbau des Hundes. Das Spiel endet stets, bevor der Hund keine Lust mehr hat. Behalten Sie Hund und Kind im Auge, um eventuell eingreifen zu können.

Spaß zu Hause

Ballspiele Bringt der Vierbeiner seinen Ball gern zurück, kann das Kind diesen vom Hund wegrollen. Falls der Hund ihm gehorcht, kann Ihr Nachwuchs ihn sitzen lassen, während der Ball ein kleines Stück rollt. Erst auf »Bring« darf der Hund starten. Je schneller und weiter der Ball rollt, umso mehr Beherrschung ist vom Hund gefragt. Gibt er den Ball nicht so gern ab, wird gegen ein Leckerchen getauscht.

Suchspiele Hunde sind Nasentiere und lieben es, etwas zu suchen. Für ein Suchspiel brauchen Sie lediglich ein oder mehrere Leckerchen oder Spielzeuge, die der Vierbeiner sehr mag. Gehen Sie mit Hund und Kind in ein Zimmer. Halten Sie den Hund oder lassen Sie ihn sitzen. Ihr Kind versteckt nun Leckerchen bzw. Spielzeug, etwa hinter einem Blu-

mentopf oder unter dem Tisch. Dann kommt es zum Hund zurück und ermuntert ihn mit »Such«. Der Vierbeiner hat alles beobachtet und wird sich sogleich auf die Suche machen. Schon nach wenigen Malen darf er beim Verstecken nicht mehr zuschauen, Ihr Kind holt ihn erst, wenn alles versteckt ist. Anfangs sind die Verstecke einfach, später dürfen sie kniffliger und weiträumiger verteilt sein.

Hütchenspiele Dazu brauchen Sie nur ein paar kleine Kartons oder Becher. Der Vierbeiner sitzt oder wird gehalten. Das Kind legt ein paar Happen oder das Spielzeug auf den Boden und stülpt einen Karton oder Becher darüber. Schafft es der Hund, den Karton umzudrehen, um an die Belohnung zu kommen? Beim Becher ist es einfacher. Was macht er, wenn mehrere Kartons im Spiel sind, aber nur unter einem liegt der Happen? Das ist für alle spannend und macht viel Spaß!

Tunnelspiele Größere Kartons eignen sich zum Durchkriechen. Zur Motivation oder wenn sich der vierbeinige Spielkamerad anfangs nicht gleich traut, fliegen einige Leckerchen oder sein Ball in den »Tunnel«. Dann macht der Hund sicher mit!

Tricks Mithilfe von Leckerchen lernt ein Hund leicht kleine Tricks. Ihr Kind kann den Vierbeiner etwa eine Acht um die Beine laufen lassen. Dazu sollte dessen Schulter Ihrem Kind aber nicht viel weiter als bis zum Knie reichen. Kleine Hunderassen können beispielsweise auch »Mach Männchen« lernen. Oder Sie stellen mit ein paar Eimern – im Garten auch mit Tomatenstangen – rasch eine kleine Slalomstrecke auf. Bei allen Tricks gibt es das Leckerchen immer erst dann, wenn der Hund das gewünschte Verhalten gezeigt hat.

UNTERWEGS ÜBEN Sind Kind und Hund ein gutes Team, ist der Vierbeiner unkompliziert und nicht zu groß, dann machen Gehorsamsübungen beiden Spaß und bringen Abwechslung in den Spaziergang. Etwas »Fußlaufen« auf einem Weg oder auch über Äste und Zweige, ein »Bleib« am Wegrand oder ein »Hier« mit toller Belohnung fördern den Gehorsam im Alltag und sind Kopfarbeit für den Vierbeiner. Je nach Ausbildungsstand darf auch geübt werden, wenn Spaziergänger in der Nähe sind.

HINDERNISSE Hunde lieben Abwechslung! Rufen Sie Ihren Vierbeiner unterwegs mal über einen liegenden Baumstamm, über den er springen darf, zu sich. Oder werfen Sie sein Spielzeug über ein Hindernis, und er darf hinterherspringen. Aber nicht nur unterwegs, auch im Garten lässt sich aus zwei Stühlen und einem darübergelegten Besenstiel rasch ein Hindernis bauen. Junge Hunde sollten jedoch noch nicht springen.

SUCHEN Anfangs darf der Hund noch zusehen, wenn Leckerchen oder Spielzeug versteckt werden. So hat er bald verstanden, worum es geht, und er wird Suchspiele begeistert mitmachen.

So verstehen sich Zwei- und Vierbeiner

Sicher kommen Sie bald gut mit Ihrem vierbeinigen Familienmitglied zurecht. Damit
das auch so bleibt, können Ihnen die folgenden Tipps helfen.

Tut gut

Besser nicht

+ Möchte Ihr jüngeres Kind mit dem Vierbeiner spielen oder ihn »knud-deln«, sollte es Sie immer dazuholen.

+ »Zerren« können Kind und Hund ab und zu spielen, wenn der Vierbeiner dem Kind kräftemäßig unterlegen ist und am Ende das Kind die »Beute«, etwa durch Tauschen, für sich bean-spruchen kann.

+ Beugen Sie lästigem Betteln vor, und lassen Sie Ihren Hund nicht von frem-den Kindern füttern.

+ Zeichnen sich Probleme im Umgang mit dem Hund ab, sollten Sie sich frühzeitig Hilfe bei einem verhaltens-kundlich ausgebildeten Tierarzt oder kompetenten Hundetrainer holen.

− Versuchen Sie nicht, dem Hund alles recht zu machen. Er wird Sie so nicht respektieren.

− Geben Sie dem Hund seine Mahlzeit nicht dann, wenn fremde Kinder dane-ben stehen. Das könnte ihn stressen.

− Werfen Sie keinen Ball und verteilen Sie kein Futter, wenn andere Hunde im Spiel sind – es kann zu Raufereien kommen.

− Ist Ihr Hund in eine Auseinandersetzung verwickelt, sollten Kinder niemals ver-suchen, die Kontrahenten zu trennen.

− Hält Ihr Kind etwas in der Hand, was der Hund will, aber nicht bekommen soll, sollte es nicht den Arm nach oben reißen, sondern das Teil fallen lassen.

Spaß und Bewegung unterwegs

Suchspiele Sucht der Hund im Haus begeistert nach Spielzeug oder Leckerchen, lässt sich unterwegs besonders das Spielzeug gut verstecken, zum Beispiel in einem Laubhaufen. Beim ersten Mal darf der Vierbeiner noch dabei zuschauen. Leckerchen lassen sich in einem Futterdummy verstauen, das dann versteckt wird. Findet der Hund das Dummy und bringt es, gibt es zur Belohnung ein paar Happen daraus.

»Komm«-Spiele Hört der Vierbeiner gut auf das »Komm«-Signal, lässt sich daraus eine Übung für die ganze Familie machen. Stellen Sie sich alle etwas entfernt voneinander auf. Einer hält den Hund am Halsband oder einer dünnen Leine (ohne Schlaufe). Ein anderes Familienmitglied mit leckeren Happen ruft nun den Hund zu sich und lässt ihn, falls er das schon kann, sitzen. Er bekommt seine Belohnung, wird wieder festgehalten, der Nächste ruft ihn usw. Je weiter die Familie voneinander entfernt steht, umso mehr »Action« kommt in die Übung, weil der Vierbeiner dann richtig Gas gibt. Klappt das Rufen ohne Ablenkung super, dann versuchen Sie es auch mal in einer etwas belebteren Umgebung, zum Beispiel in der Nähe eines Spazierwegs.

Versteckspiele Wenn Kinder sich verstecken und der vierbeinige Kamerad sie sucht und »rettet«, ist die Freude auf beiden Seiten groß. Wählen Sie für diese Beschäftigung einen lichten Wald oder ein Gelände mit Gebüsch. Lassen Sie den Hund zunächst wieder beobachten, wenn Ihr Nachwuchs sich, mit Spielzeug oder Leckerchen »bewaffnet«, etwas entfernt versteckt. Sobald das Kind nicht mehr zu sehen ist, fordern Sie den Hund mit »Such« auf. Er wird loslaufen und das Kind finden. Ist er dort, lässt Ihr Kind ihn sitzen (besonders dann, wenn er eher stürmisch ist) und belohnt ihn. Entweder gibt es ein Leckerchen, oder der Ball fliegt. Macht die Übung Zwei- und Vierbeiner Spaß, schaut der Hund nur noch zu, wenn das Kind weggeht, sieht aber nicht mehr das Versteck. Er darf erst dann Rettungshund spielen, wenn der zweibeinige Freund schon im Versteck ist.

Halten Sie die Augen offen, wenn Sie unterwegs sind. Die Natur bietet einige Beschäftigungsmöglichkeiten für Kind und Hund – etwa den Vierbeiner über einen Baumstamm balancieren lassen.

Die Inhalte dieses Buches beziehen sich auf die Bestimmungen des deutschen Tier- und Artenschutzes. In anderen Ländern können die Angaben abweichend sein. Erkundigen Sie sich daher im Zweifelsfall bei Ihrem Zoofachhändler oder bei der entsprechenden Behörde.

Registrierung

› TASSO e. V., Abt. Haustierzentralregister, 65784 Hattersheim am Main, Tel. 06190/93 73 00, E-Mail: info@tasso.net www.tasso.net
› Internationale Zentrale Tierregistrierung (IFTA), Nördliche Ringstr. 10, 91126 Schwabach, Tel. 0800/43 82 00 00 (kostenlos), www.tierregistrierung.de

Wichtige **Hinweise**

› Die Haltungsregeln dieses Ratgebers beziehen sich auf normal entwickelte Jungtiere aus guter Zucht, also auf gesunde, charakterlich einwandfreie Tiere.

› Wer einen erwachsenen Hund zu sich nimmt, muss sich bewusst sein, dass dieser bereits wesentliche Prägungen durch den Menschen erfahren hat. Er sollte den Hund genau beobachten, auch in seinem Verhalten zum Menschen.

› Ist der Hund aus einem Tierheim, so kann dieses über die Herkunft des Hundes und seine Eigenheiten Auskunft geben.

Fragen zur Haltung

beantworten Ihr Zoofachhändler und der Zentralverband Zoologischer Fachbetriebe Deutschlands e.V. (ZZV), Tel. 0611/44 75 53 32 (nur telefonische Auskunft möglich: Mo 12–16 Uhr, Do 8–12 Uhr), www.zzf.de

Verbände und Vereine

› Féderation Cynologique Internationale (FCI), Place Albert 1er, 13, B-6530 Thuin, www.fci.be
› Verband für das Deutsche Hundewesen e. V. (VDH), Westfalendamm 174, 44141 Dortmund, www.vdh.de

Adressen im Internet

Infos rund um den Hund:
› www.hunde.com
› www.hundewelt.de
› www.dvg.net
Hundegesundheit:
› www.ggtm.de
› www.meinhund.ch
› www.smile-tierliebe.de
› www.tiermedizin.de
Kind und Hund:
› www.schulhunde.de
› www.thebluedog.org/de
Hundesport:
› www.dhv-hundesport.de
› www.dogevents.ch
› www.oegv.at
Urlaub mit dem Hund:
› www.ferien-mit-hund.de

Haftpflichtversicherung

Fast alle Versicherungen bieten auch Haftpflichtversicherungen für Hunde an.

Bücher, die weiterhelfen

› Hegewald-Kawich, H.: Hunderassen von A bis Z. Gräfe und Unzer Verlag, München
› Schlegl-Kofler, K.: GU Hunde Erziehungs-Box. Gräfe und Unzer Verlag, München
› Schlegl-Kofler, K.: Hunde – Clickertraining. Gräfe und Unzer Verlag, München
› Schlegl-Kofler, K.: Hundeerziehung. Das große GU-Praxishandbuch. Gräfe und Unzer Verlag, München
› Schlegl-Kofler, K.: Hundeschule für jeden Tag. Gräfe und Unzer Verlag, München
› Schlegl-Kofler, K.: Hundesprache. Gräfe und Unzer Verlag, München
› Schlegl-Kofler, K.: Mein Hund macht, was er will. Gräfe und Unzer Verlag, München
› Schlegl-Kofler, K.: Mit dem Hund spielen und trainieren. Gräfe und Unzer Verlag, München
› Schlegl-Kofler, K.: Welpen-Erziehung. Gräfe und Unzer Verlag, München
› Schmidt-Röger, H.: 300 Fragen zum Hund. Gräfe und Unzer Verlag, München

Zeitschriften

› Der Hund. Deutscher Bauernverlag GmbH, Berlin
› Das Deutsche Hundemagazin. Gong Verlag, Ismaning
› dogs. Gruner + Jahr, Hamburg

Dank

Die Autorin dankt Kristina Trahms (www.hundekanzlei.de) für die rechtliche Beratung (→ Seite 7).

Die werden Sie auch lieben.

Unser **Hund**

ISBN 978-3-8338-0184-6

Schnüffelspaß für Hunde

ISBN 978-3-8338-1932-2

Hunde-erziehung

ISBN 978-3-8338-0523-3

Retriever

ISBN 978-3-8338-1933-9

Hunde-sprache

ISBN 978-3-8338-1195-1

Leinen-training

ISBN 978-3-8338-2303-9

www.gu.de: Blättern Sie in unseren Büchern, entdecken Sie wertvolle Hintergrundinformationen sowie unsere Neuerscheinungen.

Willkommen im Leben.

Unsere Garantie

Alle Informationen in diesem Ratgeber sind sorgfältig und gewissenhaft geprüft. Sollte dennoch einmal ein Fehler enthalten sein, schicken Sie uns das Buch mit dem entsprechenden Hinweis an unseren Leserservice zurück. Wir tauschen Ihnen den GU-Ratgeber gegen einen anderen zum gleichen oder ähnlichen Thema um.

Liebe Leserin und lieber Leser,

wir freuen uns, dass Sie sich für ein GU-Buch entschieden haben. Mit Ihrem Kauf setzen Sie auf die Qualität, Kompetenz und Aktualität unserer Ratgeber. Dafür sagen wir Danke! Wir wollen als führender Ratgeberverlag noch besser werden. Daher ist uns Ihre Meinung wichtig. Bitte senden Sie uns Ihre Anregungen, Ihre Kritik oder Ihr Lob zu unseren Büchern. Haben Sie Fragen oder benötigen Sie weiteren Rat zum Thema? Wir freuen uns auf Ihre Nachricht!

Wir sind für Sie da!
Montag–Donnerstag: 8.00–18.00 Uhr;
Freitag: 8.00–16.00 Uhr *(0,14 €/Min. aus dem dt. Festnetz/Mobilfunkpreise
Tel.: 0180-5005054*
Fax: 0180-5012054* maximal 0,42 €/Min.)
E-Mail:
leserservice@graefe-und-unzer.de

P.S.: Wollen Sie noch mehr Aktuelles von GU wissen, dann abonnieren Sie doch unseren kostenlosen GU-Online-Newsletter und/oder unsere kostenlosen Kundenmagazine.

GRÄFE UND UNZER VERLAG
Leserservice
Postfach 86 03 13
81630 München

© 2012
GRÄFE UND UNZER VERLAG GmbH, München

Projektleitung: Anne-Kathrin Wahler
Lektorat: Gertrud Köhn
Bildredaktion: Petra Ender
Umschlaggestaltung und Layout: independent Medien-Design, Horst Moser, München
Herstellung: Anna Bäumner
Satz: Uhl + Massopust, Aalen
Reproduktion: Longo AG, Bozen
Druck: Firmengruppe APPL, aprinta druck, Wemding
Bindung: Firmengruppe APPL, sellier druck, Freising

Printed in Germany

ISBN 978-3-8338-2406-7

1. Auflage 2012

Umwelthinweis

Dieses Buch ist auf PEFC zertifiziertem Papier aus nachhaltiger Waldwirtschaft gedruckt.

GRÄFE UND UNZER

Ein Unternehmen der
GANSKE VERLAGSGRUPPE

Die Autorin

Katharina Schlegl-Kofler ist erfahrene Hundetrainerin und Expertin für artgerechte Hundehaltung. Sie beschäftigt sich seit Langem sehr intensiv mit den Vierbeinern und deren Verhaltensweisen. In ihrer Hundeschule, die sie schon über 20 Jahre führt, finden nicht nur Familien fundierten Rat für die Erziehung ihres Hundes und den richtigen Umgang mit ihm.

Die Fotografin

Jana Weichelt ist Tierfotografin aus Leidenschaft. Sie arbeitet selbstständig als Bildautorin für renommierte Verlage. Weitere Informationen finden Sie unter www.kalenderfoto.de

Syndication:
www.jalag-syndication.de

Alle Fotos in diesem Buch stammen von Jana Weichelt mit Ausnahme von: **Arco:** 13-3; **Tatjana Drewka:** 1, 57-2; **F1online:** 6, 20; **Oliver Giel:** U4-1; U7-3, 14-1; **Juniors Bildarchiv:** 34–35, 51; **Christine Steimer:** 34-3; **Tierfotoagentur:** U4-2, 13-2, 14-2, 15-1, 16-1, 16-2, 17-1, 17-2; **Zoonar:** 15-2.